JN234356

火と人間

磯田浩

法政大学出版局

言葉を別として、火は、有史以前の太古の時代に人類によってなされた最大の発見であると言うことができる。

チャールズ・ダーウィン『人類の由来』

はじめに

火は、私たちの身近にあって簡単に利用できるエネルギー源です。いま、エネルギーと言えば、石油とか石炭を思い浮かべるでしょう。しかし、これらがエネルギーとして使われるのは、燃やした時に熱のエネルギーを出すからです。本当のエネルギーのもとは火のエネルギーにほかなりません。

火はご存知のように物が燃えている状態ですから、とても高温で、そしてたいていの場合、明るく輝いています。私たち人類の祖先は、道具を使ってものを加工する技術を持つとともに、火の熱によって住まいを暖房し、食物を調理することをはじめます。そして、火の輝きを灯りとして使い、生活の場をまっ暗な夜や暗い洞窟の中にまで広げます。こうして生活力をつけ、寿命を延ばした人類の祖先は、他の動物種に比べて優位に立ち、独自の進化の道をたどることとなります。

やがて、土地を耕して食料となる植物を栽培することを知って、狩猟・採集の生活から定住して集団を作る生活に移ります。こうして生活が豊かになり、余裕が生じるようになりますと、さらに火を使って土器や金属などいろいろなものを作ることをはじめます。技術が進歩していくにつれて、人の社会は大きくなり、国という大きな集団が形成され、いわゆる文明社会が築かれます。

いまの私たちが暮らしている時代は、身の回りに便利なものがあふれかえっています。家の中にはガスレンジ、電子レンジ、冷蔵庫、洗濯機、掃除機があり、外に出ればバスや電車が走り、飛行機が空を飛び、ビル、デパート、コンビニが建ち並んでいます。ほんの百数十年前まではどこの家庭でも煮炊きするかまどやコンロ、暖房としてのイロリや火鉢などに火の生《なま》の姿を見ることができましたが、いまでは目にすることはありません。

しかし、生《なま》の火の姿が見えなくても、私たちの身の回りにあるすべてが、何百万年もの昔から私たち人類の祖先が営々として築いてきた技術、火をみずからの生活の中に取り入れて利用する技術の積み重ねによって作り上げられてきたものであることを知っているでしょうか。自動車も、ジェット機も宇宙に打ち上げられるロケットも、その技術の成果なのです。でも、これらのもののどこに火が使われ、隠されているかご存じですか。

二本の足で直立して歩き、石を打ち欠いて作った石器を道具として使っていた人類の遠い祖先、人というにはあまりにも原始的な猿人や原人が、初めて火を使った形跡を残すのは、今から一四〇万年前だといわれています。それ以来、人類は長い年月をかけて火を利用する技術を身につけ、火の持つ力を生活の中に取り入れて、その時々の文明を作り出してきました。そして、現在のような、機械文明といわれる豊かな生活にあふれた文明が生まれたのは、蒸気機関が発明され、産業革命によって工業社会が形成されたせいぜい二〇〇年前からでしかありません。この二〇〇年間、とくに二〇世紀に入ってから技術と製造業の進歩発展の歩みは驚くほど速く、人々の生活様式をすっかり塗り替えてしまったのです。そのため火の技術の進歩とその足取りは隠されてしまいました。

たとえば、自動車はガソリンを燃やして走っています。ガソリンがどのようにして動力に変換されるのかを、いまの知識で解説することはたやすいことです。しかし、自動車はガソリンの燃える力だけで走っているのではありません。車体やエンジンをつくっている素材、鉄やプラスチックを作り出す火の力、それらを加工する火の力があって初めて自動車は出来上がるのです。ガソリンの火は、それらを動かす手段にすぎません。そこに到達するまでの人と火の関わりを知り、その発展の過程を辿っていくことは、いまの技術を支えている火の正体、人類の文化、文明に対する火の役割を理解するために必要であり、大切なことであると思うのです。

しかし、火はまたすべてを焼き尽くし、滅ぼしてしまう恐ろしい側面も持っています。使い方を誤ると、人にとって有用であった火が、災害のもとともなります。住宅の火災は毎日のように起こっていますし、森林の火災もしばしば起こっています。そして、人の歴史上絶えたことのない人々の争いの武器としても火は用いられてきました。人と火の関わりの歴史をたどる時、火のマイナス面も忘れることはできません。

このように非常に長い間、火は人と関わりを持ってきました。ですから、火はどういうものか、燃えるというのはどのような現象かについて、ギリシアの昔からさまざまな考えがなされてきています。しかし、燃焼現象を炎の科学としてとらえる近代的な研究は、一八一五年にメタンガスの燃焼特性を調べたイギリスの科学者ハンフリー・デービーに始まります。燃焼現象は現在の科学技術を支えるエネルギーの技術の基本ですので、二〇世紀に入ってから大きな研究課題となりました。しかし、燃焼は、きわめて身近にあるにもかかわらず、大変に複雑な物理・化学の現象なので、その本質に迫る科学的な研究は、いまだ今後に残された課題であるといっていいと思います。一方、現象としての炎の科学はほぼ解明されていますので、その概要を少し覗いて見ようと思います。

❀目　次

第二部　火の科学

第一部

火の歴史

1 生活

原始の火

二足歩行をし、石の道具を使いはじめた人類の祖先にあたる猿人が初めて火を使ったのは、今から約一四〇万年前にさかのぼるといわれています。

最初に彼らが火に関心を持ったのは、おそらく山火事か野火の焼け跡を探検に行った時のことで、好奇心の強い者たちの経験でありましょう。焼け跡には、ほどよく焼けたいつも食料として集めていた木の実や草の実があり、また逃げ遅れた森の小動物の焼けた屍骸も転がっていたでしょう。そのような物を食べてみて、生《なま》で食べるよりよほど美味しいことに気づいたに違いありません。

野火の焼け跡から小さな燃えさしを自分の住まいに持ち帰って、自分で食べ物を焼こうと考えるまでには、相当に長い時が必要であったはずです。火を自分で作ることを知るのは、ずっと後になってからです。ですから、拾ってきた燃えさしを元にして大きな焚き火をつくり、その火を絶やさないよう大切に扱っていたに相違なく、一日中だれかが、おそらく少年が、つききりで火の番をしていなければならなかったことでしょう。一度火が消えてしまえば、すぐに新しい火が手に入るとは限りません。火の番はとても大切な役目でありました。火種を絶やさないように守っていくという習慣、火種を絶やすことは恥ずかしいことだという習慣は、ずっと後の火を自由に自分で作れるようになった時代まで受け継がれ、世界各地に残っています。

住まいに持ち帰った火は、食べ物を焼いて食べることに利用できるばかりでなく、住まいの、おそらくは洞窟の暖房にも役立ったでしょう。食べ物を火で調理すれば、生では食べにくかった豆類や木の実や根菜類も食べられるようになりますし、肉類の消化もずっとよくなると同時に保存もきくようになり、食生活が豊かになって、栄養も格段によくなります。

食べ物ばかりでなく、火は夜の灯りをもたらします。夜行性の猛獣も近寄らなくなり、夜の時間を生活のために有効に使うことができるようになります。こうして、たまたま火を手に入れ、火を利用することを覚え、栄養もよく、夜も悩まされない環境を手に入れた集団は、まだ火を手に入れてない他の集団に対して優位にたつことになります。火を使う技術は次第に広まったでしょうが、ここに生じた集団の間の格差は、次のステップである人類の進化につながることとなり、より進んだ人類の誕生につながっていったと考えられます。

山火事や野火の後は草原になり、そこにはイネ科の草がよく生育します。草食の動物はイネ科の草を好んで食べますから、焼け跡には草食の動物が集まります。人類の祖先は当然、集まった動物を狙

原始人と火（1547 年，パリ刊行のウィトルウィウスの建築書）　森林火災から逃げまどう原始人（左奥）と恐怖心を克服して，火を手に入れた原始人（手前）を対蹠的に描いています

って狩をしたに相違ありません。それを繰り返すうちに、意図的に野火を起こして草食動物を集め、狩猟の対象にしようと考える知恵者が現われたとしても不思議はないでしょう。こうして人類による火の利用の方法は次第に広がっていったと考えられます。

今でもオーストラリアのアボリジニの間で行なわれている野焼きの起源は、一〇〇万年前までさかのぼるのかも知れません。S・J・パインによれば、アメリカに白人が入ってはじめて目にした東部の広大な草原や中部の大草原、いわゆるプレイリーは、いずれもアメリカ原住民が永年にわたってバッファローなどを狩るために森を焼き払った野焼きの結果だそうです。そこには多くの動物、ヘラジカ、シカ、ビーバー、ノウサギ、シチメンチョウ、ウズラなどが見られ、またそれらを狙うワシ、タカ、キツネ、オオカミなども増えていったといいます。プレイリーの動物を捕まえていた原住民たちは、ある意味では意図的に食料を生産していたということもできます。現在まで続いている阿蘇山の草千里の野焼きが毎年行なわれなくなると、草千里はたちまち林になってしまうといいます。原始の野焼きも、おそらく同じ場所を毎年焼き払っていたのでありましょう。

人類の祖先が、日常の生活のために利用しようと考えつくほど、山火事や野火が頻繁におこったかどうかは、はっきりしませんが、そうであったのではないかと思わせる事実があります。オーストラリアに生育する松の一つに、その種である松ボックリが一度火に遭わないと発芽しないものがあります。したがって、親の松の寿命が約一〇〇年とすれば、その間に森林火災がないと、その松は絶滅してしまうことになります。そのような進化を遂げるまでにどれほどの時がたったのかわかりませんが、森林火災がなければ子孫を残せないような松があることは、遠い昔から森林火災が、おそらく一〇年単位でしばしばおこっていた証拠ではないでしょうか。原始の人類も、おそらく火の元を探すのにそれほど苦労はしなかったと思います。

このようにして火を手に入れた人類の祖先と他の動物との間の格差は、どんどん開いていきました。約一〇〇万年ほど前には猿人よりさらに進化した人類の祖先であるホモ・エレクタス（原人）が、アフリカに出現します。原人の使っていたのは石を打ち欠いた打製石器でしたが、かなり精巧で、細かい作業もできるものでした。

ほぼ一〇万年に一回の割合で地球の気候は低温になり、氷河期が訪れるといいます。その氷河期と氷河期の間の暖かい時期を間氷期といいます。今、私たちが暮らしている時期は、一万五〇〇〇年から一万年前にかけて終わった最後の氷河期の後の間氷期にあたります。一〇〇万年前からいくらも経たない間氷期に原人は石器と火とを持って、アフリカを後にし、ヨーロッパやアジアに居住地域を広げていきました。アフリカを出た原人が、その後何度も訪れたであろう氷河期をアフリカ以外の中緯度の冷涼な土地で過ごしたとすれば、暖房としての火の役割は大きかったでしょう。中国の北京に近い周口店にある洞窟に遺る灰が厚くつもり重なった焚き火の跡は、四、五〇万年以前の原人（北京原人）が、数次にわたって長期間同じところで火を燃やしつづけた跡であるといわれています。

人類による火の利用は、その後かなり長い間、生活環境があまり変わらなかったためか、暖房と調理に限られていました。しかし、人類の種としての進化は続きます。二〇万年ほど前にヨーロッパと中近東に出現し、多くの遺跡と出土品を残し、四万年から三万年前に忽然と姿を消したネアンデルタール人（旧人）と呼ばれる人類もその一つです。ネアンデルタール人は、道具を持ち、火を使い、死者を手厚く葬るなどある種の社会儀礼も持っていて、一時期、現代人（新人）の直接の祖先であると考えられたこともありますが、現在では現代人とは別系統の人類であるとする説が有力になっています。

現代人（新人）がいつその祖先の種から枝分かれして出現したかについては、種々の説がありますが、現代人のルーツはおよそ二〇万年前のアフリカにあって、その種が全世界に広まったという分子遺伝学から得られた説が、今のところ多くの人に支持されています。けれども、原人、旧人、そして原始の新人も、調理、暖房、灯り、それに野焼きの範囲を超えて火を使ったという証拠は見いだせません。いずれにせよ、火の存在が人の集団の結びつきを強くしていったことはまちがいありません。

農業と火

ほぼ一万五〇〇〇年前に最後の氷河期が終わり、気候が温暖化するにつれて、中緯度の地域は森林に覆われるようになります。そのころ私たちの祖先である人類は人口が増え、狩猟や自然から採取する食料は不足がちになってきます。それまで長く続けた草原の野焼きの経験から焼け跡に他の植物より大きな実をつけ、熟しても種が落ちにくい植物――おそらく麦の原種――のあることを人類は学んでいたと思います。その種を焼け跡に蒔いて増やしていくことを試みたのが、農業の始まりです。そのころ後退していく氷河を追って森林が広がっていきました。森や林では陽射しが遮られて畑にはなりません。また、すぐに火を放っても生木は燃えません。そこで考えられたのは、まず木を切り倒し、それが枯れて乾燥するのを待って焼き払うという方法です。こうすれば焼け跡は木々の灰に覆われ、畑とするには最適の条件になります。このような焼畑農業といわれる農業は、土地が十分に広く、一回に畑とする面積の二〇倍もある時には、手間がかからない大変効率のいい農業です。

このような方法による焼畑は、現在でもインドネシアやアマゾンの森林地帯で実際に行なわれ、芋やトウモロコシなどが栽培されていますが、今の時代では森林の破壊につながりますし、火が燃え広がって大規模な森林火災をひきおこす恐れがあるということで、生活のためにやむをえないこととはいえ、けっして好ましいことではありません。

一万年前には人口に対して十分の森や林があった地域でも、時が経つにつれ人口の増加にともなって焼畑農業は成り立たなくなります。そのため森を切り開いて、切り株を取り除き、開墾して畑とすることが始まります。農業は、人の力で耕し、種を蒔き、収穫することを繰り返す方法に変わっていきます。人々は一つの場所に定着して暮らすようになると、人々の集団が形成されます。生産性が向上してくると、集団に余裕ができ、農業以外の仕事に従事する職人の集団が形成されるようになります。こうして都市が形成され、やがてそれらを統合する国が生まれます。このような社会の中で火は、家の中の火として炉やかまど、ストーブで使われ、灯りとして用いられるようになります。また職人のグループは、土器を焼いたり、金属を加工したりするため火を使うようになります。一万年ほど前に形成されたエジプト、メソポタミア、インダス、中国の四大文明は、農業を中心とする文明です。このような農業社会は世界中に広がって、人類の社会はますます豊かになっていきました。

暖房としての火

家の中に入った火は、冬の寒い時期に暖房として使われます。竪穴住居のような簡単な住居では、居住区のまん中に炉を置いて、煙は屋根から出る型式になり、火は煮炊きにも利用されます。縄文時代の住居もアメリカ原住民が使っていたテント住居もこの型式です。

西欧ではローマ時代の床下暖房が、暖房の代表としてよく引き合いに出されます。これは、石造り住居の床を上げ、床下に空間を作って、そこに燃やした薪からでる熱い煙を導き、壁の中の煙突から煙を出して床全体を暖める、いわばセントラルヒーティングの原型です。

中世から近世にかけての大きな住居では、裸火で部屋を暖める暖炉かストーブが用いられるようになります。ストーブを壁や柱の部分に組み込んだロシアのペチカのような大きなストーブも使われていました。韓国に多くみられるオンドルは、床下で火をたいて床全体を暖めるので、暖房としては効率がよく、優れています。

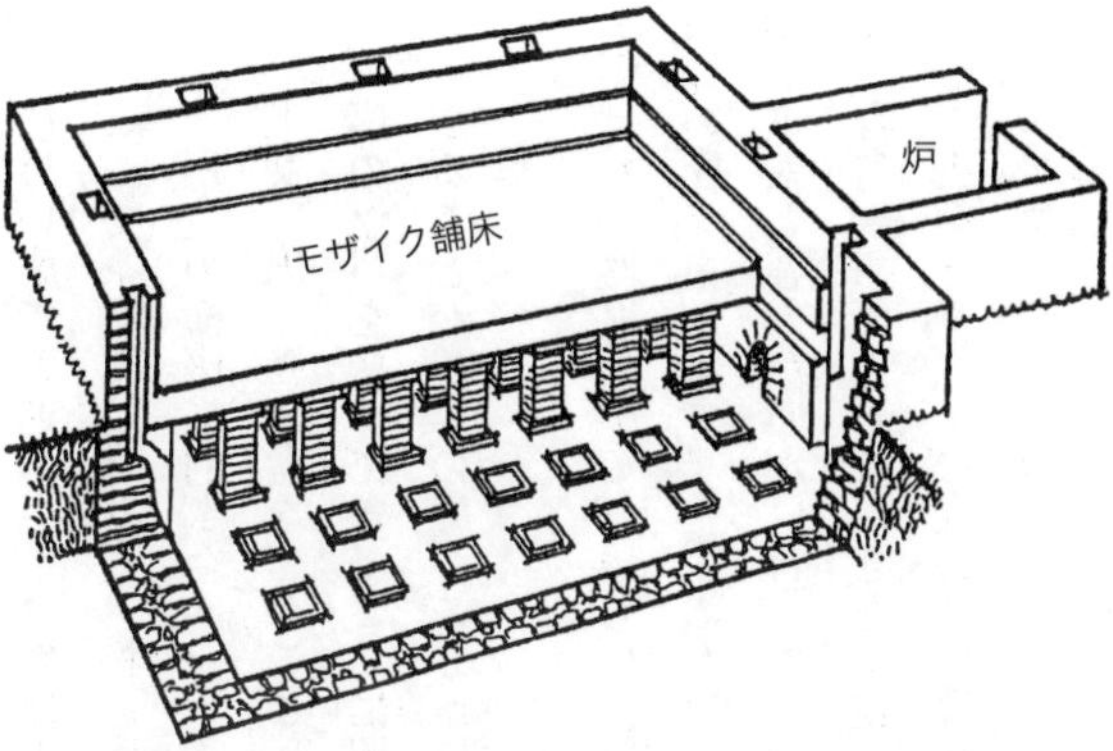

ローマ時代の床下暖房（ハンプシャーのシルチェスター出土の2世紀の遺跡）

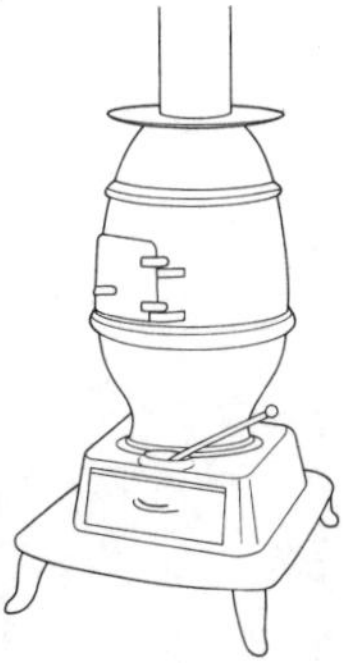

アメリカのストーブ（19世紀）

日本で古くから使われていたのは、イロリという炉です。柳田国男に『火の昔』という小品があり、日本の古い時代からの火の利用法が先生独得の語り口で紹介されています。その中から少しばかりかいつまんで引用させていただきましょう。

炉は家の中心的存在で、炉の周りに座る人の順序ははっきりと決まっていました。炉は家の中央の一番広い中の間に切ってありました。このイロリの四方には、そこにいるべき人の座がきまっていました。最初は戸主の座で、土間に面して上がり口から一番遠く、ここだけは畳が一畳横に敷かれてあったため、横座といわれています。これに対してその左右、普通は長方形の炉の長いほうの両側には、ござがたてに敷いてあります。ここの、戸主の座からみて右手が外からくる客の座であります。すなわち家の表口に近い席で普通の名前は客座といいます。――客座の向かい側の席は女性の席で、かか座といい、ここで茶を出したり食べ物を取り分けて出すのが決まりでありました。

戸主の横座に向き合った下の座には、板敷きのままでござもありません。大きな家ならば下男下女、出入りの者などがここに座ります。小さな家では普通ここは開けておきます。そして、当座の燃料を持ってきてここに置いたりします。下座のもう一つの特徴は、長いホダの木は、くすぶることが多いので、ここからくべることになっていました。

炉ばたの座席の中で、いちばん厳重に近ごろまで守られていたのは、横座とかか座、すなわち主人夫婦の座であります。主人の右手の最も近い席が最上待遇の客人の席となります。テレビなどの時代劇で主人と客人が向かい合って座っている場面をよく見ますが、客は主人の右に座るべきです。このような昔から伝えられてきた伝統的な作法はいつまでも守っていきたいと思います。日本の暖房は、やがて火鉢とコタツに変わり、現在ではガスストーブ、石油ストーブ、火の形の見えない電気ストーブ、エアコンディショナーになっています。

調理の火

炉はまた調理の場でもありました。かぎを天井の梁《はり》からイロリの火の上に釣って、それに鍋のつる

自在かぎ

鉄輪

を掛けて煮炊きします。かぎの形はやがて自由に上下できるように工夫された自在かぎとなります。後にはかぎをやめて五徳《ごとく》あるいは鉄輪《かなわ》という足つきの鉄の輪が使われるようになります。また火の周りに魚や野菜を串刺しにして並べて焼くこともあれば、火の周りの熱い灰の中に芋やクリを埋めて蒸し焼きにすることもしばしばでした。

　正式に食物を煮炊きする所をかまどといいます。昔の日本の習慣では、あらたまった食事はかまどで調理するものと決まっていました。一つかまどのものを食べるということは、一家一門の者のことでありまして、そのためにかまどの火を清く保つということにひととおりではない苦心をしました。かまどの火が汚《けが》れると、その食べ物を食べた人とただの人とは付き合うことができなかったのです。そのため、かまどの火を汚《けが》すまいと、かまどは家から離して置かれていました。今ではかまどはよほど古い家でな

庭のかまど
(『信貴山縁起絵巻』)

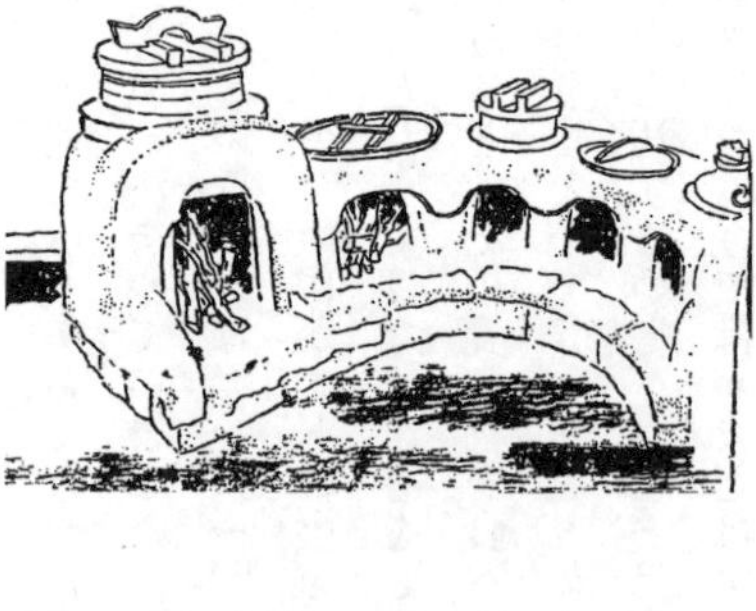

旧家の五つかまど

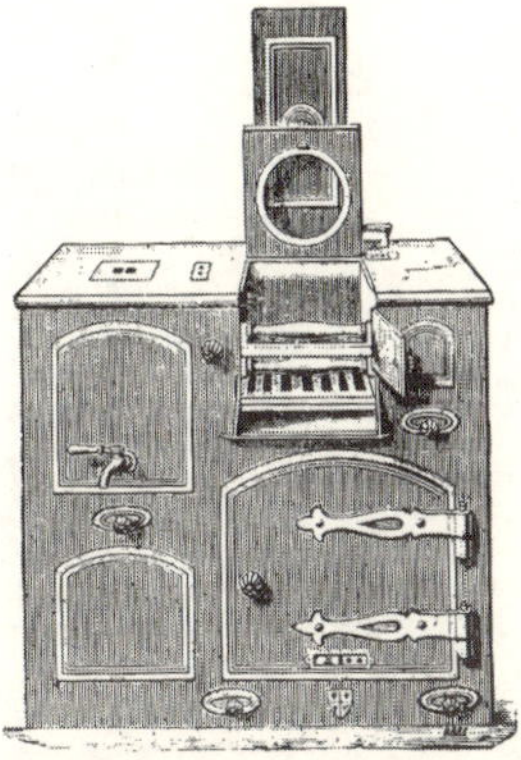

キッチンレンジ（1881年）

中国の路上のコンロ

ければ見られませんが、古くから残っている大きな家を見ますと、かまどは家の中に入っていても、土間の片隅に置かれています。

現代の日本の家庭では、調理を特別に区別して行なう場合を除いて、都市ガスやプロパンガスを使うガスコンロやガスレンジが使われるのが普通となっています。ガスは、炭火や薪の火と違って、調理の火としては手軽であり、火力の調節も容易にできますから、きわめて重宝な調理の火です。

アフリカ諸国や中国の地方の一般家庭では、かつて私たちの祖父母がやっていたように、戸外のコンロの直火で調理することが多いようです。十分な薪を手に入れることが難しいアフリカの砂漠地帯では、なるべく少ない燃料で効率よく煮炊きできるように、覆いをつけて熱を逃がさないように改良されたコンロを普及しようとする試みがなされています。

直火で熱した大きな平らな石の上で食物を焼いた

り、食物を葉などで覆って蒸し焼きにしたり、あるいは適当な大きさの石を熱して、食物と一緒に穴の中にいれる調理法は、今でもインドネシアなどで行なわれていますが、おそらく最も古い形の調理法の一つでしょう。

欧米では、直火による調理のほか、オーブンがよく使われます。一九世紀になるとオーブンとコンロとが一つにまとまった鉄製のキッチンレンジがつくられ、今日に至るまで使われています。

灯りとしての火

柳田国男は、次のような子守唄を紹介しています。

他人おそろし、やみ夜はこわい、親と月夜はいつもよい

原始のころから現代にいたるまで、いつの時代でも暗闇は人にとって恐ろしい存在でした。原始の洞窟住居で燃やされた焚き火の光が、いつ何が襲ってくるかもしれない夜の恐ろしさから人を解放し、夜にも活動することのできる可能性をもたらして、人類の進化に大きな影響を与えたであろうことは想像にかたくありません。

やみ夜を照らす灯りとしての火は、調理や暖房におとらず人間にとって大きな役割を果たしました。

釣り籠のかがり火

たいまつ（『住吉物語絵巻』）

やみ夜に持ち歩いて、道を照らす灯りは、たいまつに始まります。松のような脂分の多い木は明るい炎を作ります。たいまつに松明という文字を当てるのもそのためでしょう。たいまつとしては蠟分の多い木も使われていましたし、また蠟や油脂を木の皮などでつつんで棒状にしばったものも使われていました。一本のたいまつの燃える時間は、大体、昔の半時、今の一時間と決まっていましたから、夜、出かける人は、外出している時間を測って、必要な本数のたいまつを持ったといいます。薪能や時代劇でよく見られるかがり火は、たいまつをまとめて籠に入れたもので、決まった場所を明るく照らすように工夫された、いわば焚き火の進化した灯りです。

室内では液状の油を石や陶器の皿に入れ、灯芯を浸して、その先に炎を作って灯火としていました。西ヨーロッパの洞窟から旧石器時代のこの形式のランプが出土しています。約三万年前といわれるフラ

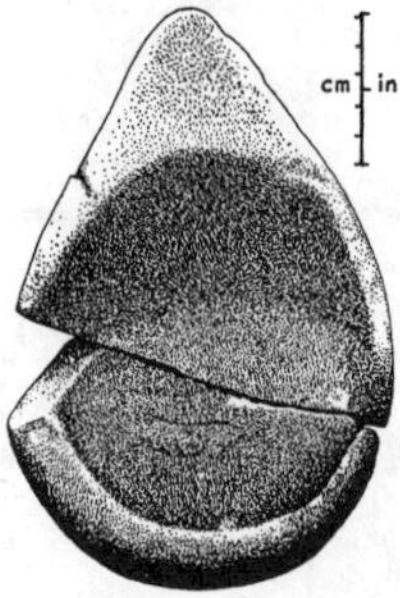

フランスの石ランプ（ドルドーニュのラ・ムートの旧石器時代の遺跡から出土）

メソポタミアのランプ（紀元前2500年頃のウルの王墓から出土）
A：貝殻，B：金，C：方解石

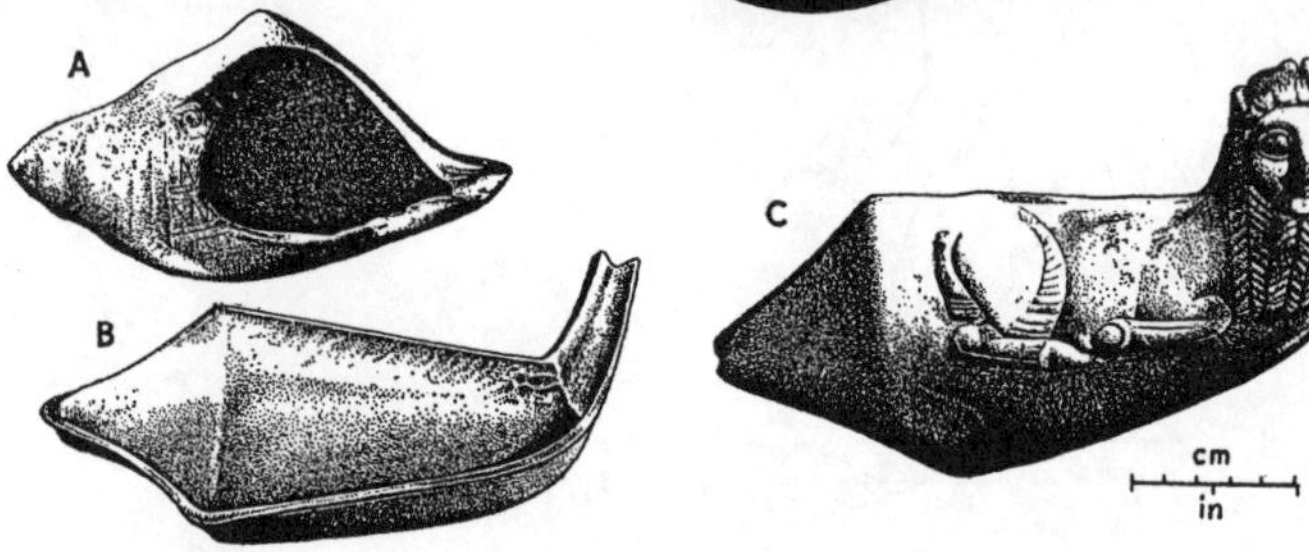

ンスのラスコー洞窟の奥に描かれている有名な壁画は、おそらくこうしたランプのもとで描かれたに違いありません。ヨーロッパの北部ではおもに魚・鳥・クジラなどの脂肪が使われ、地中海地域ではオリーブ油・ヒマシ油など植物性の油が一般的に使用されていました。

一方、日本では古くはゴマ、エゴマの油が使われていましたが、ひじょうに高価でしたので、使用は特別の場所に限られていました。普通は安価な魚油を匂いと煙を我慢して使っていたと思います。後代になってナタネが中国から日本に入ってきて、盛んに栽培されると、菜種油が比較的手に入りやすい油として行灯《あんどん》などの灯りにもっぱら使われるようになります。

行灯の中ほどには油を入れた陶器の皿を置き、下には油が漏れた時の用心に油受けの皿を置いていました。灯芯としてはイグサの芯が使われました。行

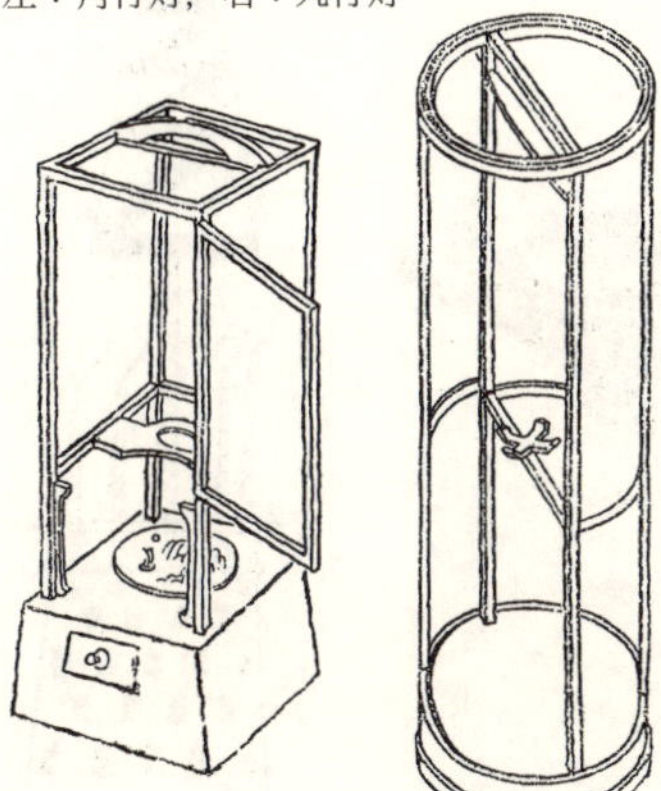

行灯
左：角行灯，右：丸行灯

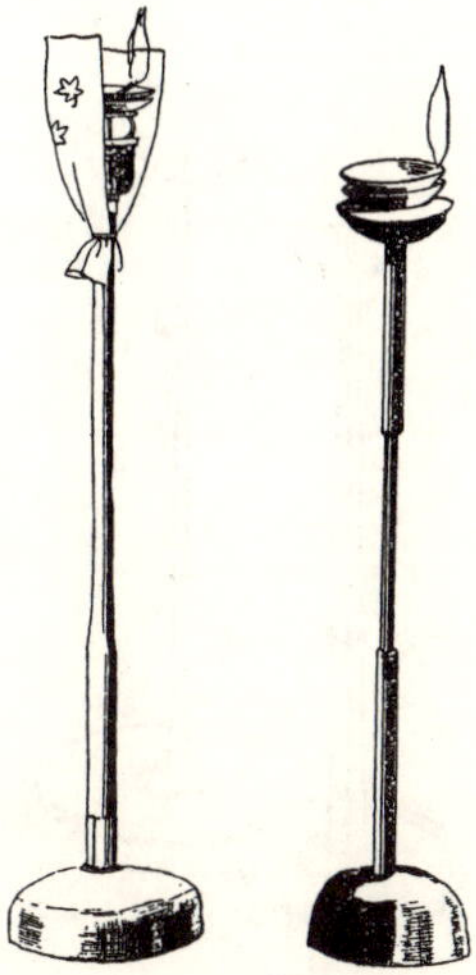

中世の日本の灯台

灯の光は暗く、今の電灯の小さな球、なつめ球の半分くらいの明るさであったといわれています。これでは夜に本を読んだり、夜なべ仕事をすることはできません。そこで灯芯を二本、三本と増やして炎を大きくし、明るくします。そうすると、当然、油の消費が多くなります。油の値段は他の物に比べてけっこう高価でしたので、仕事をする時とか、お客のある時など特別の場合のほかは、灯芯一本の灯りで辛抱していたようです。

当時の明るい灯火は、ロウソクです。ロウソクは、常温で固体の脂か蜜蠟などの蠟、松脂などで作られていました。日本では木蠟《もくろう》といって、ハゼの木からとった蠟がもっぱら使われていましたが、今、わたしたちのまわりにあるロウソクは、特別製をのぞいて、石油系のパラフィンで作られています。

ずっと古くクレタ島では紀元前一六〇〇年以前と思われるロウソク立てが発掘されています。日本で

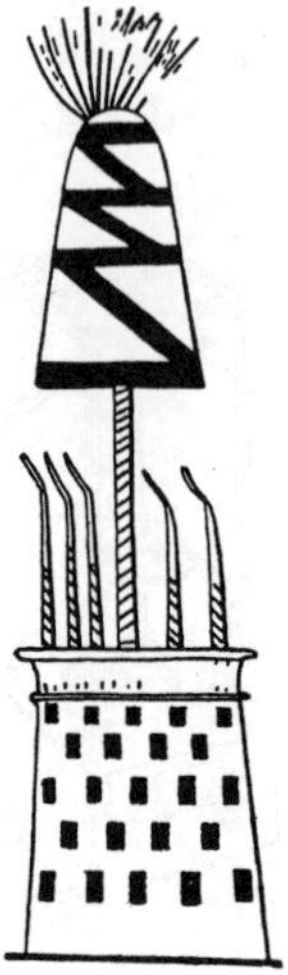

エジプトのロウソクとテーパー（小ろうそく）（紀元前1300年頃のテーベの一墳墓の壁画）

クレタ島のロウソク立て（紀元前1600年以前のミノス宮殿から出土）

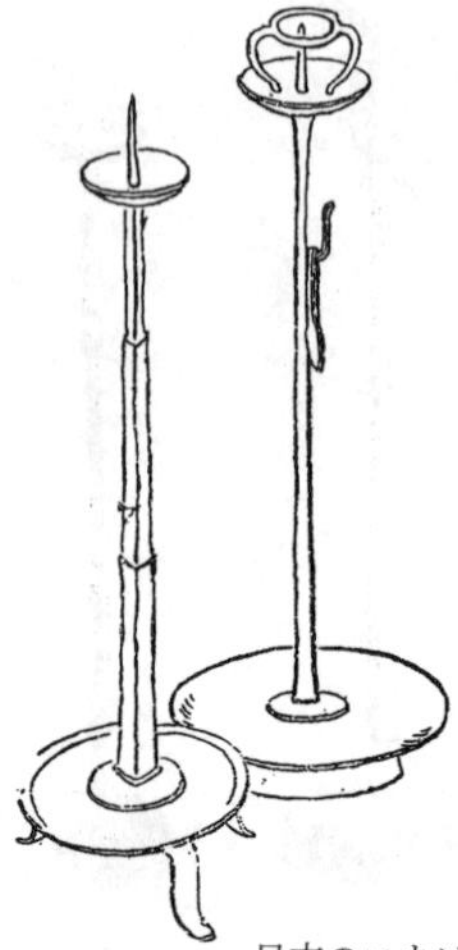

日本のロウソク立て

も奈良朝のころからあったといいます。しかし、ロウソクは油よりもっと高価でしたので、上流の人たちしか使わないたいせつな品でした。中世になると、ロウソクは普及しますが、やはり高級な灯りであることにかわりはなく、庶民はあまり利用しなかったようです。江戸時代に入ると、ロウソクは芝居の照明などにも使われるようになります。その頃のロウソクの芯には縒《よ》った紙が使われていましたので、ロウソクが燃えていくにつれて、芯だけが燃え残って、炎が大きく不安定になります。そこで、ロウソクをずっと具合よく燃やし続けていくために、時々、芯を切り取る必要がありました。ロウソク立ての横の鉤《かぎ》には芯切り鋏《はさみ》がかかっており、下には切り取った芯を入れる入れ物がついていました。

　昔、家の灯りも少なく、もちろん街灯などない夜道を行く時に、大変便利であったのが、ちょうちんという手持ちの灯りです。むろん、ちょうちんが広

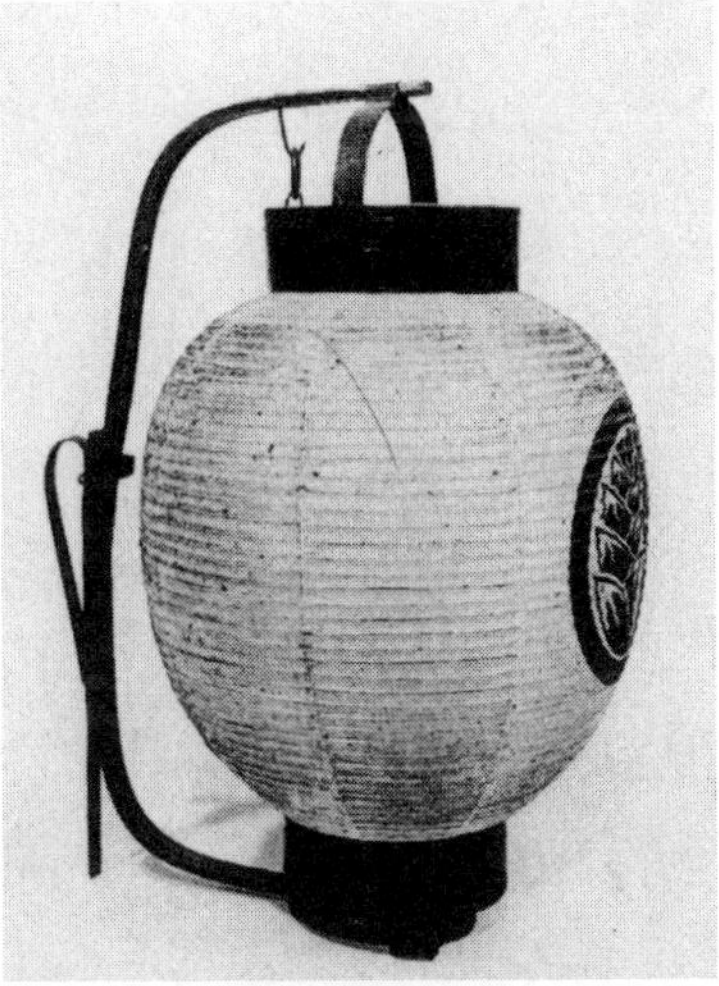
弓張ちょうちん

く用いられるのは、ロウソクが手軽に手に入れられるようになってからです。ちょうちんのロウソクも燃えつきる時間が決まっていましたから、夜出かける時には、たいまつと同じように、必要な数の予備のロウソクを持って出かけなければなりませんでした。

ちょうちんの標準的な形が丸いのは、ロウソクの火がちょうちんを焦がさないように、炎から遠ざけるための工夫で、日本独特の形です。そのほか、使い方によって、いろいろな形のちょうちんが工夫されています。丸いちょうちんはぶら下げておかなければなりませんが、立てておくことのできる弓張《ゆみはり》ちょうちんとか、雨がかかっても大丈夫なように蓋の付いたちょうちんとか、使う用途によっていろいろな工夫がされています。

ランプというと、ガラスのほやのついた石油ランプを思いおこします。欧米では一七世紀から一九世

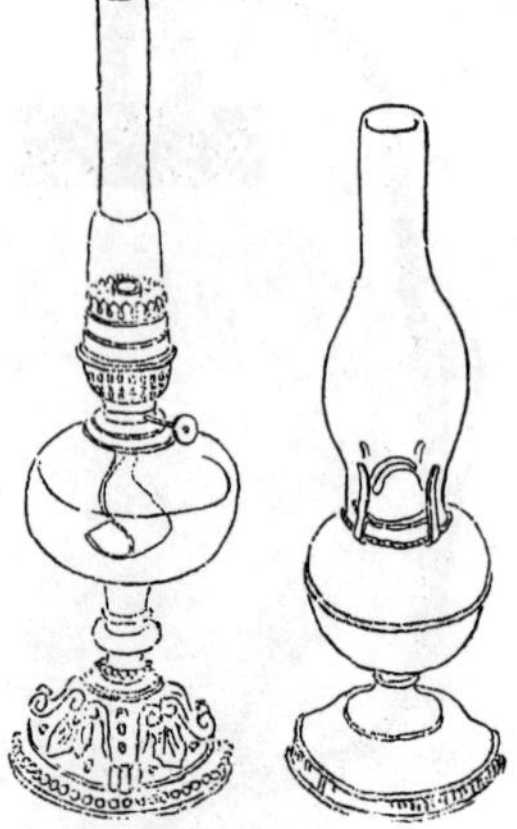
日本のランプ
左：竹ボヤ
右：丸ボヤ

紀にかけて、この形のランプが用いられていました。それまで使われていた菜種油は、ランプに使うには粘り気がありすぎるので、圧力をかけて油を送るようになっていました。一九世紀近くなると、鯨の捕獲が始まり、鯨から採る油がランプにもっぱら用いられるようになります。江戸時代の末頃になると、欧米の捕鯨船が日本近海まで進出してきて、日本に補給基地を求めるようになります。幕末の日本に開国を迫る動きが欧米に高まったのは、捕鯨船に食料や水の補給をする必要があったのが一因と思います。

一九世紀中期以降、アメリカで石油が採掘されるようになると、その一成分である灯油が、ランプにもっぱら使われるようになります。菜種油や鯨油に比べて粘り気がなく、良く燃えるからです。あまりにも燃えやすいため、ランプに使われないガソリン分は捨てられていましたが、一九世紀の終わりごろ以降に考案された内燃機関は捨てられていたガソリ

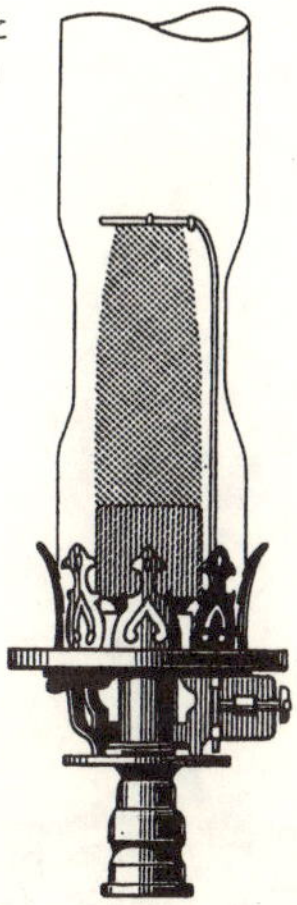
マントルを使ったガス灯（1885年）

ガス灯

ンを燃料としてうまく利用して成功したものです。今では、石油製品の中ではガソリンのほうが主力製品となっています。

明治時代になると日本にも灯油が入ってきます。灯油は従来の菜種油よりずっと激しく燃えるので、行灯《あんどん》などの昔からの照明器具には使えません。そのため、一時はカンテラなどのいろいろな照明器具が考案されましたが、すぐに廃れて、ガラスのほやを持つランプが導入され、従来の照明器具に比べて格段に明るいこともあって、たちまち普及しました。そして日本独自に考案された豆ランプなどのランプが大量に作られました。しかし、日本での灯りとしてのランプの寿命は短く、電灯の普及とともに姿を消してしまいます。

油以外の燃料を使う灯りにガス灯があります。イギリスでは、一八世紀以降、燃料としての石炭の生産が急増します。一八世紀後半にはいると鉄を精錬

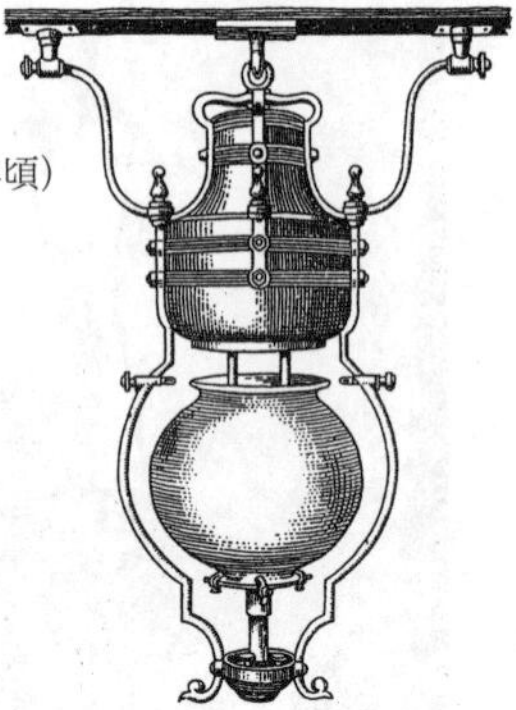

アーク灯（1880 年頃）

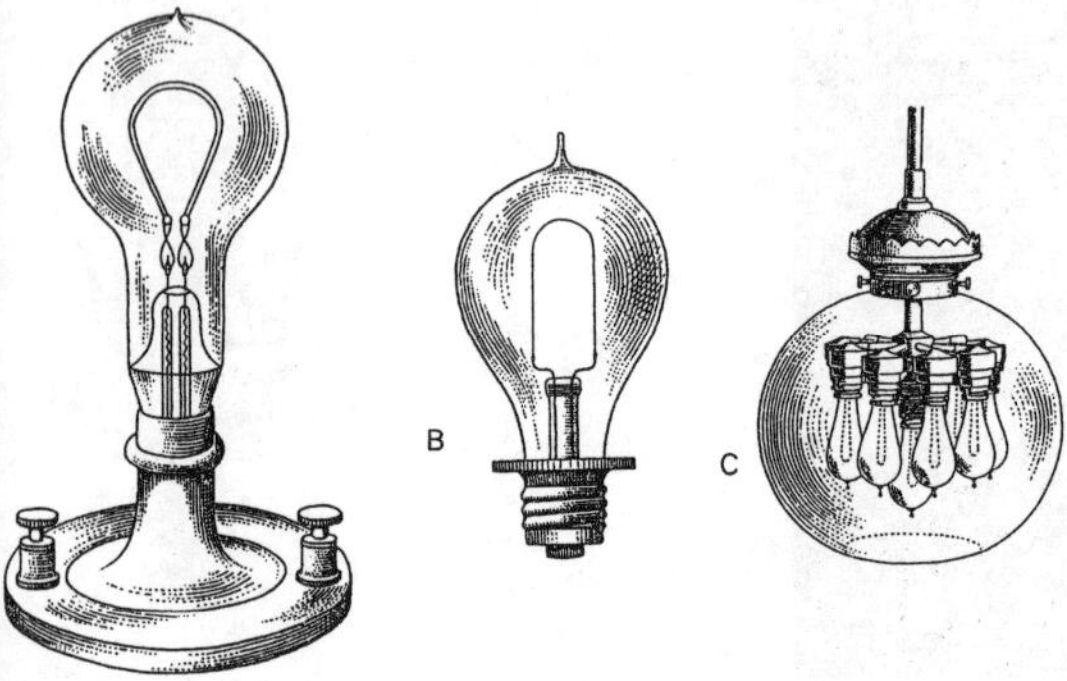

エジソンの炭素電球
A：1881 年頃
B：1882 年頃
C：1884 年頃

するための燃料として、石炭を高温で蒸し焼きにした後に残るコークスが使われるようになります。その時、石炭から燃えやすいガスが出てきます。一七九二年にウイリアム・マードックが石炭ガスを住宅の室内の灯りとして初めて使って以来、一九世紀初頭にはヨーロッパ中にガス灯が普及しました。初期にはガスの炎そのものを大きく明るく燃やして、その光を灯りとしていましたが、後には石綿や白金など高温に耐える材料で作ったマントルと呼ぶ鞘《さや》を炎に被せ、マントルが白熱して出す光を利用する技術が広まります。マントルを使ったガス灯は大変明るく、いまの電灯に匹敵するほどの明るさです。

そして二〇世紀に入ると、電力事業の発展とともに、灯りは電気の灯りに代わります。一八五〇年代には電気放電による灯り、つまりアーク灯が発明され、その明るさから灯台の灯りとして多用され、また一八七〇年代後半にはフランスで鉄道の駅の照明として使われています。白熱電球は初期からいろいろと工夫されていましたが、白金などの金属を使ったフィラメントは寿命が短くて実用になりませんでした。初めて実用的な白熱電球を製作したのは、トーマス・A・エジソン（一八四七―一九三一年）です。彼は日本の竹を素材とした炭素のフィラメントを用いた電球を一八八〇年に試作し、特許をとっています。エジソンの炭素電球に使われたねじ込み式の口金は、その後に作られた電球の口金の基礎となりました。

火を作る

人がどうやって火を手に入れたかということについての言い伝えは、世界各地に存在しています。J・G・フレーザーが世界各地の原住民の言い伝えをまとめた『火の起源の神話』によりますと、火は、人々の知らない遠いところにあった火をいろいろな口実や手段を使って、あるいは幸運によって何とか手に入れた貴重な物であったことを示しています。多くの場合、火を運んでくるのは動物ですが、その色からの連想からか、特に赤い羽根を持つ小鳥が多いようです。

プロメテウスが、ゼウス神の目をぬすんで天上の火をウイキョウの枝の芯（これはホクチに使えるほど燃えやすい物です）に隠して運び、地上の人々のところにもたらしたというギリシア神話はよく知られています。この火については、火の神ヘーパイストスの仕事場から取ってきたという話と、ヘーパイストスがゼウスの怒りに触れて（すなわち電光となって）天から投げ落とされた場所とされる

鍛冶神ヘーパイストスの鍛冶場
(紀元前6世紀のアッティカの黒絵の壺)

レムニアン島の彼の仕事場からとったという話の二つがあります。ヘーパイストスは神々のうち荒々しいほうの火を司る神ですから、この火のもとが落雷か火山の火であることを示しているのでしょう。火を盗んだプロメテウスはゼウスの怒りを買い、コーカサス山に鎖でつながれ、大鷲に肝臓を食われるという罰をうけます。肝臓は夜になると再生したため、プロメテウスは長い間苦しめられましたが、英雄ヘラクレスに助けられます。

ゼウスの怒りはこれにとどまらず、美しい女性パンドラを地上に送ります。パンドラの持って降りた箱を人々が開けると、中から病気やら災害やらありとあらゆる悪しきものが飛び出て、地上に広がりました。そのため、以来、人々は苦しみ働かなければ生きていくことができなくなりました。ただ、空になったパンドラの箱を覗くと、その底に希望だけが残っていました。

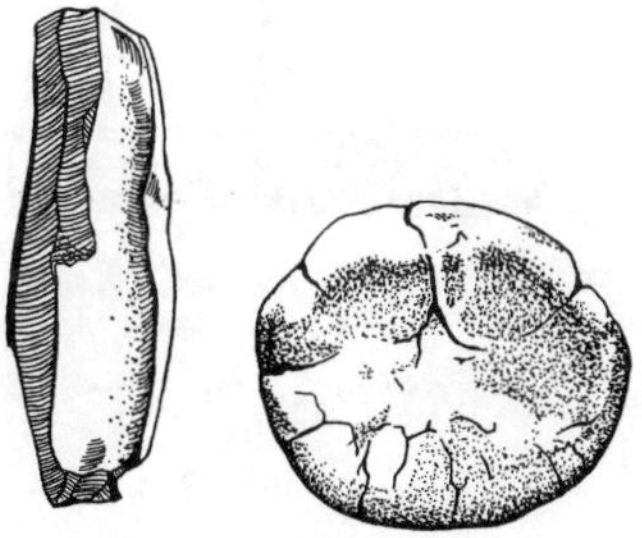

新石器時代の火打石と黄鉄鉱（ヨークシャーのラドストーンの塚から出土）

今、私たちを悩ませている、公害、地球環境の悪化の主な原因は、二〇世紀以降、無制限に多量の石炭や石油などを燃やし続けたことに求められます。プロメテウスの恩恵の火が、パンドラの箱として地上に災害をもたらすもととなったという神話が、そのまま現実になっているように思えてなりません。最後に残った希望をどのように生かすかが、私たちのなすべき課題でありましょう。

人が山火事などの自然の火を利用することを学んでから、自分の手で火を作り出すまでには長い時が流れ、その間、人は大切に火を守ってきたのです。いまから三万年くらい前に始まる後期旧石器時代から中石器時代の住居跡には、住人が使ったと思われる撃ち合わせた跡のある火打ち石と黄鉄鉱が残されています。この二つを打ち合わせれば、火花が生じ、火を作ることができます。これが、人が火を自分の手で作り出した証拠として最も古いと考えられてい

舞錐式発火器

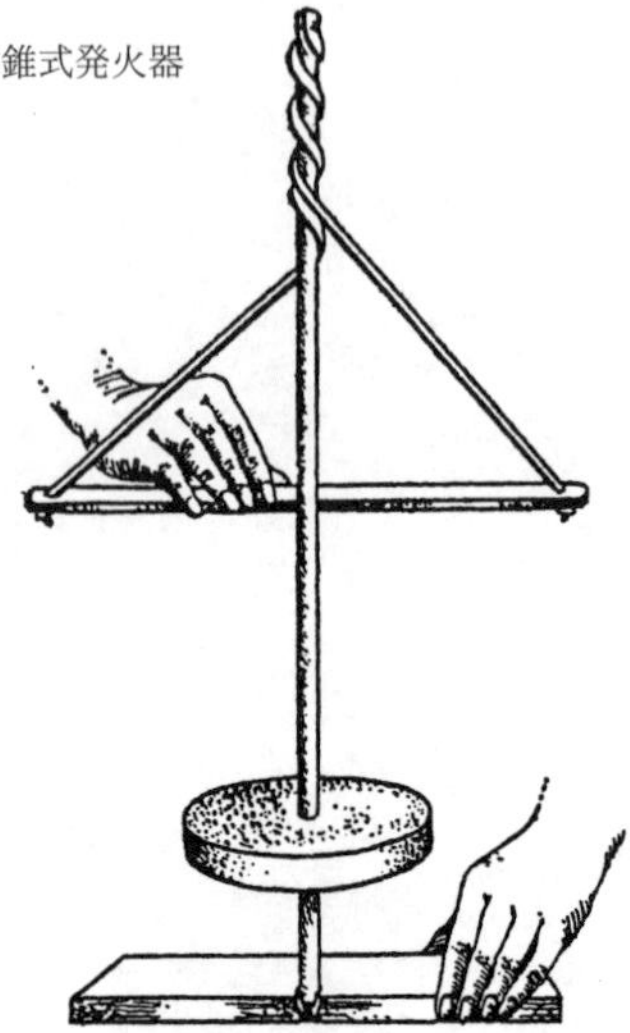

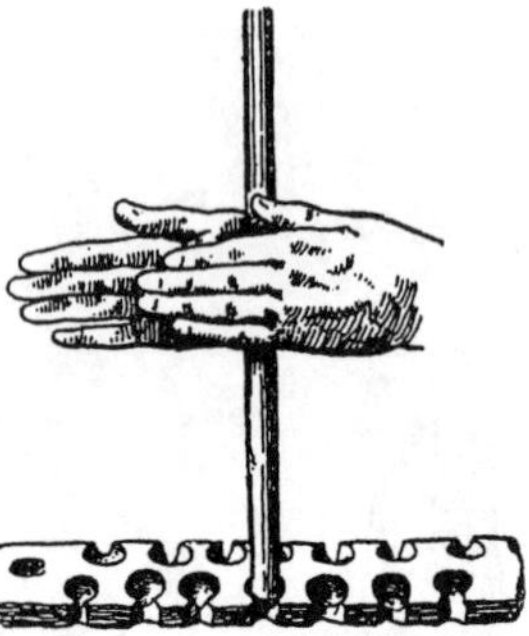

アフリカのもみ錐式発火器

ます。中石器時代に入りますと、道具としての石器の素材でもある石英質のフリント（火打ち石）の交易が広い地域で行なわれていた証拠が残されています。石英は、道具としてではなく、火を作るために使われたことがあるのかもしれません。

フォーブスによれば、木をすり合わせて火を作る技術を知ったのは、これより後の新石器時代に入ってからです。ヨーロッパではそうであったと思いますが、木をすり合わせて火を作る方法は世界各地で行なわれていますので、アジアなど他の地域では火打ち石よりも木のほうが先であったかも知れません。

木を使って火を作る手法はいろいろありますが、いずれも摩擦による発熱を利用しています。よく見られるのは、板の上で棒を錐揉みのように回し続ける方法で、数分から一〇分くらい続けると摩擦の際にできた木の粉がくすぶり始めます。このくすぶりを付け木に移すわけです。後には手で錐を回すかわ

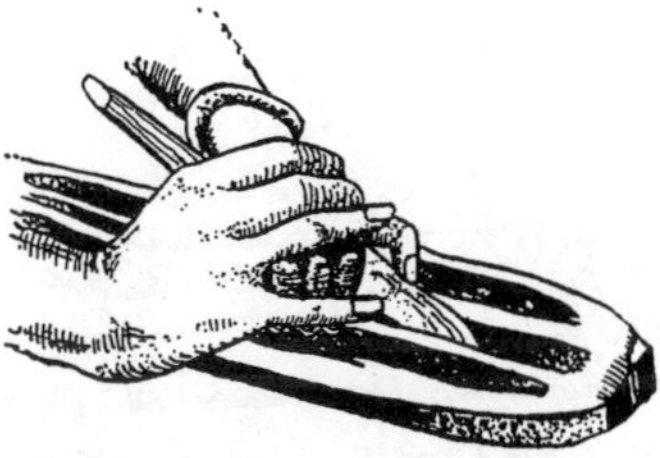

オセアニアの
すき式発火器

りに、紐を棒に巻きつけて左右に引いて回したり、弓錐を用いて回すような楽に火を作る方法が考案されます。棒を回すかわりに板の上の溝に沿って前後に擦って火を作る方法もあれば、棒のかわりに板を鋸のように挽いて火を作る方法もありました。

火打ち式の発火法は、火打ち石と鉄（鋼）を打ちつけた時に飛び散る火花、つまり鉄が燃えて飛んだ火花を利用しています。黄鉄鉱も鉄を含むので、能率はよくないと思いますが、火花は出ます。また火打ち石同士を打ちつけても火花を生じることがあるところから、この方法が最も古いと説く人もいます。

金属としての鉄と鋼をはじめて人工的に作り出したのは、紀元前一五〇〇年頃にアナトリア地方に君臨したヒッタイト帝国です。唯一、鉄の武器を持つヒッタイトは、青銅の武器しか持たない近隣の国々を次々と侵略していったといいます。ヒッタイト帝国の滅亡とともに紀元前一二〇〇年頃から鉄を作る

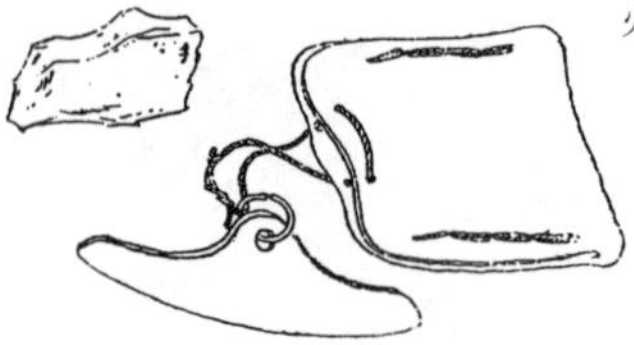
火打ち道具

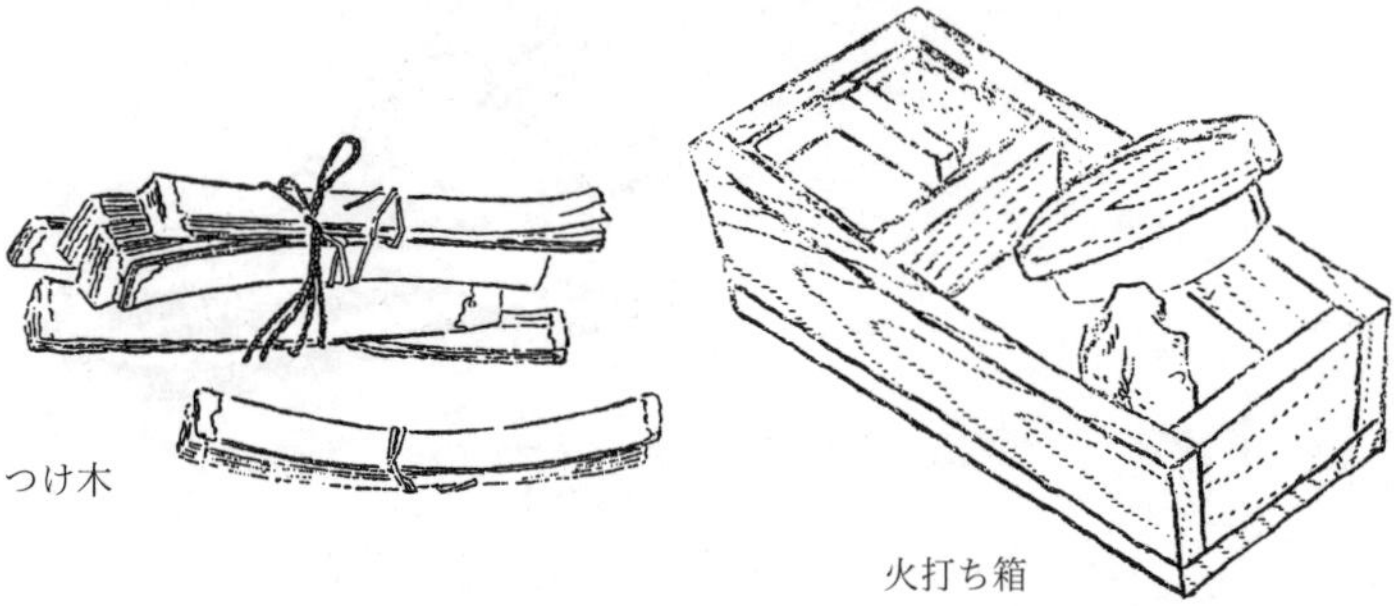

技術は次第に周辺に広がっていきましたが、当時の製鉄法では炭素含有量の少ない錬鉄《れんてつ》しか得られません。錬鉄に炭素を加えて、火打ちに適する鋼《はがね》（炭素三〜四パーセント）を作る技術が知られ、鋼が十分に生産されて、火打ち式の発火法が広まるのは、紀元前三〇〇年以降というのがフォーブスの説です。

火打ち石と火打ち金による発火法は、摩擦式の発火法よりもずっと手軽なので広く使われ、日本でも平安時代以降、明治になってマッチが入ってくるまで使われました。火打ち石による火花は、蒲《がま》の穂や乾いたきのこをほぐした綿状の燃えやすいもので受けます。これをホクチといいます。江戸時代には、火打ち石と火打ち金とホクチを入れた火打ち箱がどの家にもありました。火花を受けたホクチがくすぶりはじめると、枯れた松葉や細かい芝草や竹細工の竹くずなど燃えやすい物の上に移して、火吹き竹などを使って吹いて、炎の火にします。後になると薄い木片の端に硫黄を塗ったつけ木が考案されます。つけ木を燻《くすぶ》っているホクチにつければ、すぐに火になりますので、吹く手間がなくなって、火を作るのがずっと楽になりました。

それでも、今、私たちの手元にあるマッチに比べれば、火を作るのは大変です。火を作る技術として画期的な発明であるマッチは、化学的な方法による発火法で、一八世紀末からヨーロッパで考案され始めます。小口正七著『火をつくる』によりますと、イギリスやフランスで黄燐《おうりん》を発火剤とするマッチが考案されています。一九世紀に入って塩素酸カリウムが発見され、砂糖との混合物が硫酸に触れると発火することが知られるようになった後、軸木に塩素酸カリウムと砂糖の混合物をつけ、硫酸を石綿に染み込ませたり、ビーズ球に封じたりして持ち歩くマッチが作られました。火を付ける時には、軸木を硫酸に触れさせればいいわけです。

摩擦によって発火するマッチは、一八二七年にイギリス人ウォーカーが塩素酸カリウムと還元剤を混ぜた物を作ったのがはじめです。還元剤には、硫化アンチモン、硫黄、木炭粉末が使われています。一八三一年にはフランスのソーリアが、黄燐、二酸化鉛、ガラス粉を練って軸木につけた黄燐マッチを発明しました。どこで擦っても発火するこのマッチは、欧米で広く使われるようになります。ただ、黄燐には毒性があり、自然発火の危険もあって、安全とはいえない物でした。

使いやすくしかも安全なマッチが登場するのは一八五二年のことで、一八四五年に発見された黄燐より安全な赤燐が使われました。これは私たちが現在使っているマッチと同じもので、安全マッチと呼ばれます。赤燐は軸木に付けるのではなく、ガラス粉などと混ぜて箱の側面に塗り、軸木のほうには酸化剤と硫黄など燃えやすいものを塗り付けます。これを擦り合わせれば火の出ることは、ご承知の通りです。安全マッチができてから、私たちは火を作る苦労から完全に解放されたといってよいでしょう。最近ではブタンガスを使ったライターのほうがもっと便利に使われています。

2 火の利用

土器・陶磁器

人類の祖先が一四〇万年以前から火を生活の中に取り入れ、農業、暖房、調理、そして夜の灯りとして利用してきたことは、これまで述べてきた通りです。

火の利用のもう一つの側面に、物を作る手段としての、いわば道具としての火の利用があります。原始には、大きな岩を火で熱して割ったり、火で焼いてから木を刳りぬいて丸木船を造るなど直接的な火の利用法がありました。最後の氷河期が終わり温暖な気候が訪れた一万五〇〇〇年前ごろから森や林、荒地などを開墾して畑を作り、種をまき、収穫する栽培農業が始まり、共同体としての集落が生まれます。そのころ火の間接的な利用として、初めて火を使って物を作るということが始まります。

収穫した農作物を入れるための容器としては、まず粘土で作った容器が使われました。しかし、粘土の容器は壊れやすく、水に弱いものです。炉はずっと以前から知られていたので、炉の周りの土が

ナイジェリアにおける土器の野焼き

焼けると固くなることに気づくのにそれほど飛躍的な知恵はいらなかったでありましょう。この現象から粘土の容器を焼けば、丈夫で水に強い土器ができることを学んだのだと思います。土器は食物の保存ばかりでなく、食物の煮炊きに使うことができ、食生活の範囲をさらに広げることになります。

粘土が焼けて固くなる温度は摂氏六〇〇度程度ですから、土器を焼くのに特別の技術は必要ありません。野焼きといって、地上に燃えやすい粗朶《そだ》（枝木など）を積み上げて燃やした大きな焚き火程度の火で焼いて、土器を作ることができます。しかし、野焼きでは熱の損失が大きいので、大量の燃料が必要ですし、温度も七五〇度から八〇〇度までしか上がりません。そこで火を壁で囲い、炎を包み込みますと、熱損失が少なくなると同時に空気の流れが加速され、燃え方が激しくなって、窯（炉）の中の温度が高くなり、硬質の土器が得られます。

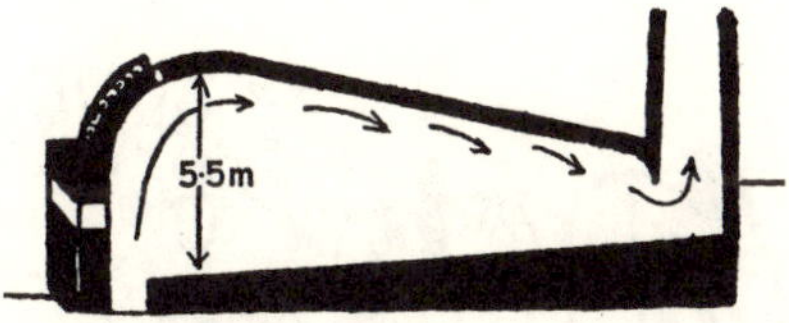

中国の水平炎の窯（100 年）

(a)　(b)

垂直炎の窯（復原）
a：メソポタミア
（紀元前 350 年）
b：エジプト
（紀元前 3500 年頃）

窯には、垂直炎の窯と水平炎の窯があります。垂直炎の窯は、焼成室と燃焼室が上下に並んでいて、底から燃やした炎が上に並べた土器を焼くもので、たとえば古代エジプトの浮彫りや古代ギリシアの壺に見られる窯がそうです。この種の窯ではせいぜい八〇〇度から一〇〇〇度が限度ですので、一三〇〇度前後の高温が必要な磁器の焼成は不可能です。一方、水平炎の窯は、焼成室と燃焼室が横に並んでおり、横から燃やした炎が横か斜めに走って、並べた土器を焼きます。傾斜地に設ける熱効率のよい登《のぼ》り窯《がま》がその一例で、この種の窯はとりわけ中国、朝鮮、日本などで高度に発達しました。

世界で最も古くから農業が発達し、集落を形成した今のイラクにあたるメソポタミアでは紀元前六〇〇〇年頃から土器が作られ、またイラン高原では紀元前四〇〇〇年代から彩文《さいもん》土器が焼かれています。メソポタミアで釉薬《ゆうやく》をかけた陶器が作られるのは、

エジプトの製陶場　左方にあるのが窯(紀元前1900年頃のベニ・ハサンの一墳墓の壁画)

ギリシアの製陶場
右端にあるのが窯
(紀元前6世紀の
アテネの水壺)

ギリシアの赤絵の壺（紀元前515年頃)

ギリシアの窯（紀元前6世紀
のコリントの黒絵の粘土額)

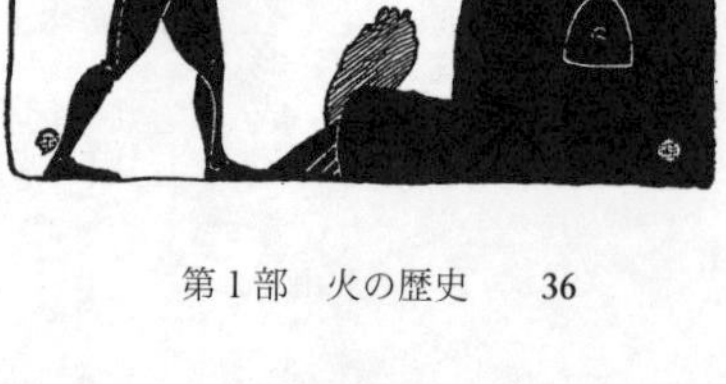

明代中国の登り窯（右）と磁器を焼く窯（『天工開物』1637年刊）

おそくも紀元前一七〇〇年代頃です。またエジプトでも紀元前四〇〇〇年頃から土器が作られ、古王国時代には陶器も製作されていました。

地中海のクレタ島では紀元前三〇〇〇年頃から土器が作られ、紀元前一七〇〇年頃からは陶器の生産も始まります。古代の陶器として有名なのは、紀元前六世紀頃のギリシアの陶器で、当時の生活や文化が黒色あるいは赤色で描かれています。ヨーロッパの磁器生産が始まるのは遅く、マイセンで磁器が作られる一七〇九年以降のことです。

中国では紀元前七〇〇〇年前から紀元前三〇〇〇年前にかけて稲作農業の発生と発展を受けて、揚子江下流の地域でかなり精巧な土器が作られています。特に有名なのは、稲作を基本的な経済基盤とする良《りょう》渚《しょ》文化が栄えた紀元前三三〇〇年から紀元前二〇〇〇年の間に作られた灰色と黒色のさまざまな土器で、ロクロを使って大量生産され、美しい線刻文様や透

定窯の白磁刻花牡丹文盤（11 世紀）

景徳鎮窯の青白磁瓜形水注（11 世紀）

かし文様が施されています。この技術は黄河流域のヤンシャオ文化における彩文土器などに通じるものです。東南アジアの各地でも黒色や赤色の彩色を施した土器が出土しています。

中国の殷代中期の紀元前一五世紀から紀元前一四世紀頃に陶器が作られ、紀元後まもない後漢時代の初期に精選した陶土（カオリン）を原料とし、高温の窯で焼き上げる磁器の生産が始まったようです。そして一〇世紀末から一一世紀にかけての北宋時代に景徳鎮《けいとくちん》で作られた青白磁と定窯《ていよう》で作られた白磁は、現在にいたるまでの最高の製品といわれています。以後、一九世紀にいたるまで中国磁器の黄金時代が続きます。

土器の製造は世界各地で同時発生的に見られますが、日本の縄文時代の土器、いわゆる縄文土器は最も古いもので一万二〇〇〇年前といわれていますから、世界的に見て最も古い土器に属します。日本で

有田の登り窯（『日本山海名産図会』1799 年刊）

輸出された伊万里焼の大壺

縄文土器

陶器が製作されるのは、唐三彩《とうさんさい》の影響を受けて奈良三彩が作られる八世紀以降のことであり、磁器の生産が始まるのは文祿・慶長の役により多数の朝鮮の陶工が日本につれてこられた一七世紀初期のことです。有田で工夫され、生産された色絵の磁器は伊万里《いまり》と呼ばれ、ヨーロッパに大量に輸出され、貴族階級に高級品として珍重されました。伊万里の手法はその後のヨーロッパの窯業に大きな影響を与え、伊万里を模した製品が多く生産されるようになります。

現在、日常に使われている陶磁器は、重油やガスを燃料とする大きな窯で大量生産されたものです。焼成温度も一四〇〇度を超えますから、硬質で丈夫な製品になっています。

銅

人が火を使って物を作り出す技術の歴史の中で最初の一歩は、ほぼ一万年前から始まった土器の製作で、その後、質の高い陶磁器の製造にまで発展したことはすでに述べた通りです。では次の大きな一歩は何かといいますと、金属を鉱石から精錬する技術を知ったことです。

粘土で作った水に弱い壺を焼いて、硬い耐熱性の製品に変化させる土器の製造は、火の作用から見ると、素材の粘土の粒子を高温で融かして、融合させるという物理的な作用が主です。しかし、自然界に存在する金属の酸化物や炭酸塩、硫化物である鉱石から金属の単体を抽出する過程は、まず鉱石を焼いて酸化物に変える酸化の過程とその酸化物から酸素を取り去って、金属を分離する還元の過程を経る化学的な作用です。したがって、金属の精錬技術は原理的に土器とはまったく異なった技術であるといえます。

金や銅は自然に金属体の形で地上に存在していましたし、鉄も隕石《いんせき》（隕鉄《いんてつ》）の形で自然に存在していました。したがって、人はずっと古い時代から金属の性質とか有用性を知っていたと思われます。たとえば、銅については紀元前八〇〇〇年頃から自然銅を石で叩いて人工的に加工したことが知られています。その後の三〇〇〇年の間に加工して硬くなった銅を焼き戻して軟らかくすることを知り、やがて陶器や焼成レンガの経験から炉にフイゴで強制的に空気を送り込むことによって高温の炉を作り出しました。炉の温度を銅の融点の一〇八三度を超える温度まで上げることができるようになった時点で銅の鋳造が始まります。しかし、鉱石から金属の銅を取り出す技術にまでは到達しませんでした。

銅の鉱石から金属の銅を取り出す技術は、自然銅を取り扱った経験をもとにして紀元前四〇〇〇年から紀元前三〇〇〇年頃までに地中海沿岸地方と東南アジアで独立に発達したと考えられています。最も精錬しやすい銅の鉱石は、銅の炭酸化合物です。炭酸銅は一二〇〇度を超える高温の炉の中に入れると、分解して酸化銅となります。酸化銅は、燃料の木材や木炭の燃焼ガスの中に含まれる一酸化炭素と出会うと還元されて金属の銅となり、融けた状態で炉の底にたまります。炉の底の穴からこれを取り出せば、銅の鋳塊が得られます。銅を還元するための一酸化炭素の量は、燃焼ガス中の二酸化炭素の五〇〇分の一あればいいといわれていますので、銅の還元は比較的容易であったはずです。

鉱石中に混在する岩石などの珪酸化合物も同時に炉の中で融けます。珪酸化合物は、高温の炉の中で鉱石である酸化銅と反応して化合物を作ります。その結果、銅の一部がこのスラグの中に閉じ込められることになり、金属銅の収量は少なくなってしまいます。

通常、銅の鉱石の中には鉄の成分が含まれており、鉄の成分が珪酸化合物に取り込まれた銅と入れ替わって、銅が分離するという反応が起きるので、銅の収量はその分回復できます。この反応を利用するために、鉱石の中の鉄分が少ない時には別に鉄鉱石を入れてやる必要がありました。このように銅の精錬に伴ってできるスラグの中には鉄分がかなり含まれていますので、炉の中の条件によっては、たまたま金属の鉄として分離することもありました。これに気づいた者は鉄を利用することもあったようですが、ほとんどのスラグは捨てられていました。

純粋の金属銅は石で叩いて冷間加工すると硬くはなりますが、それでも軟らかくて、鋭い刃を作ることはできません。しかし、他の金属と合金を作ると、固い金属となります。この知識は、おそらくしばらく後に始まった硫化銅を精錬する過程で見いだされたと考えられています。多くの場合、硫化銅の鉱石は炭酸銅の鉱石に重なって産出し、風化によって生じた砒素《ひそ》やアンチモニを伴っています。硫化銅の鉱石は、炭酸銅と違ってそのままでは精錬できません。一度、八〇〇度で焼いて硫黄分を追い出し、酸化銅にする必要があります。その後は上に述べた手順で精錬しますが、こうして得られた銅の中には鉱石と一緒にあった砒素やアンチモニが不純物として残ります。銅と砒素との合金は純銅よりも硬いので、このような経験から銅は他の金属と合金とすると硬い素材になることを学んだと思われます。

青銅は約一〇パーセントの錫を含む銅合金で、紀元前三五〇〇年頃から東南アジアのタイで作られ、また紀元前三〇〇〇年以降の地中海沿岸地方でも作られ始めます。このような新しい技術は、悲しいことですが、人の歴史を通じてまず争いの道具、武器に使われるのが常で、矛《ほこ》、鏃《やじり》、剣などが生産されています。その後、青銅が大量に生産されるにつれて、農具や工具、そして燃料としてばかりではなく、建設材料としても重要な素材であった木を切り倒すための斧などのあらゆる道具や日用品が青銅で作られました。

青銅はきわめて硬く、しかも銅より融点が低く、鋳造しやすかったため、紀元前一〇〇〇年頃にいたるまで主要な金属材料として広く利用されました。金属文化以前の石器時代に対比して、この時代を青銅器時代といいます。新石器時代から続いてきた農業社会は、この時期までには大きく発展していて、人口も増え、都市が形成されるようになっていました。人々の暮らしも職業による分業が進んで、社会の組織化が進んでいました。そして紀元前三〇〇〇年になると都市国家を統合した王国が初めてエジプトに誕生します。メソポタミアでは紀元前三五〇〇年頃から都市ごとに形成されていた都市国家群が、紀元前二三七〇年に統一され、史上初の帝国、アッカド帝国が誕生します。それには青銅器文化の力が大きな役割を果したに相違ありません。

文字が初めて考案されたのもこの時代です。紀元前三四〇〇年ごろメソポタミアに出現した楔形文字は、紀元前二八〇〇年にシュメール文字として公用化されます。エジプトで神聖文字（ヒエログリフ）が考案されたのも同じ頃です。青銅という新しい素材の発達と文字による文化の伝達は相乗的な

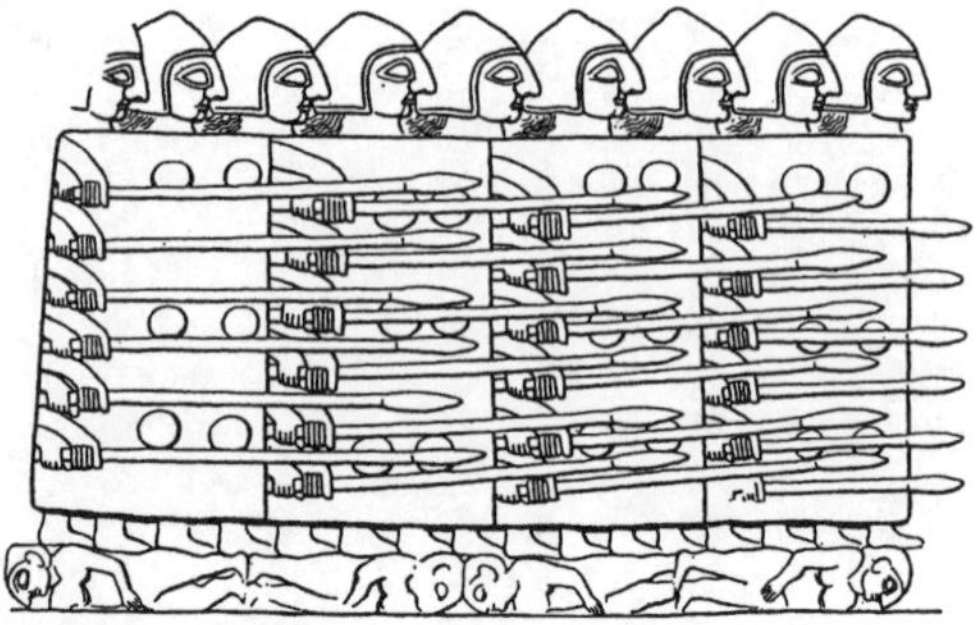

銅製の穂の槍を持つシュメール兵の方陣（メソポタミアのテッロ出土の紀元前3000年期の石碑）

エジプトの青銅製水差し（第18王朝初期〈紀元前1479年頃－前1425年〉）

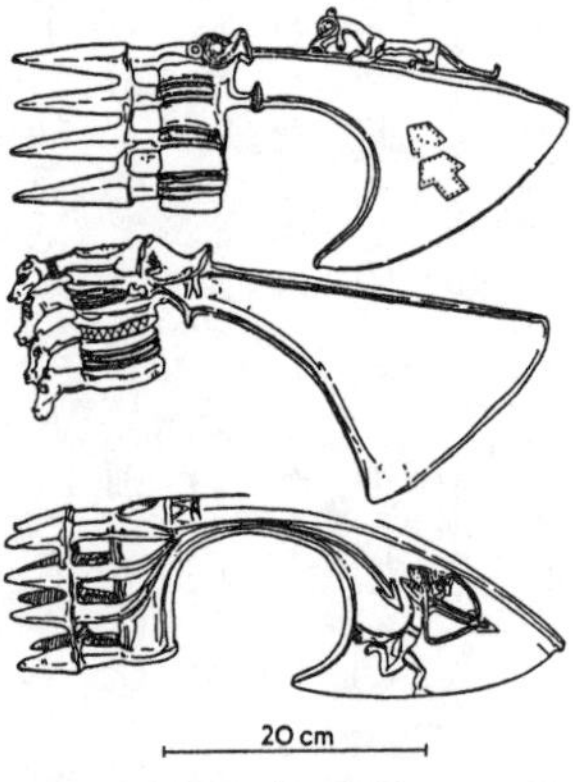

ペルシアの青銅斧（紀元前1500－前1200年のルリスタンの遺跡から出土）

エジプトの青銅製扉の鋳造場（紀元前1500年頃のテーベの一墳墓の壁画）

楔形文字

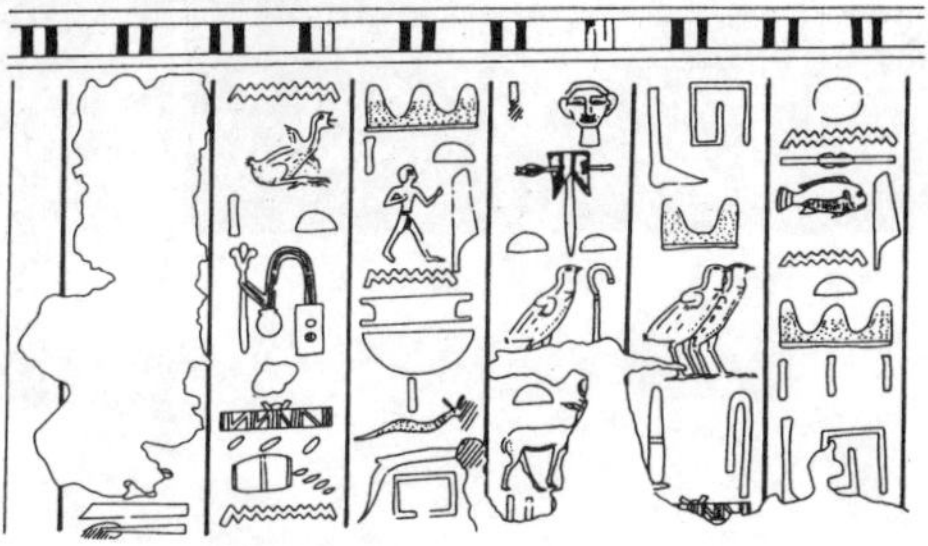

神聖文字
(ヒエログリフ)

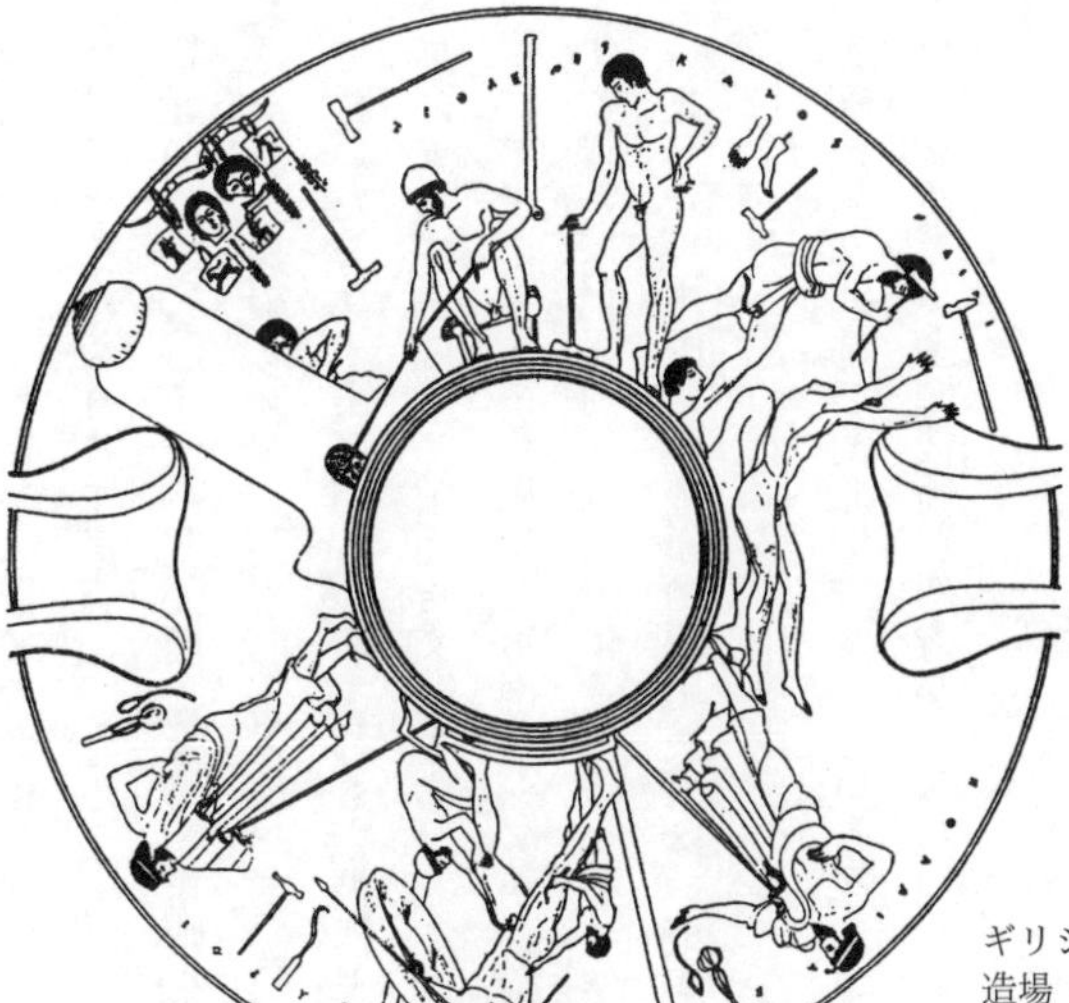

ギリシアの青銅立像の鋳造場（ローマ近郊から出土した紀元前5世紀の赤絵の深皿）

三星堆の大仮面

殷代後期の鼎

効果を発揮して、以後、人間の社会は加速的に進歩を遂げるようになります。
紀元前二〇〇〇年から紀元前一五〇〇年頃まで栄えたクレタ島のミノア文明も、紀元前一二〇〇年頃まで続いたミケーネ文明も、いずれも青銅器を主な交易品として生産して栄えた文明です。
アジアでの金属の利用は、東南アジアから始まります。青銅は紀元前三五〇〇年頃にはタイで作られていました。中国での金属の利用技術は、東南アジアから学んだと思われます。中国南部の揚子江流域の青銅技術が北部の河北地方よりも早く進んでいたという学説は、金属技術が南方から伝わった証拠となりましょう。
中国では現在までに殷《いん》（商《しょう》）時代（紀元前一六〇〇－前一〇四六年）の青銅器が多数出土しています。これらは祭祀のために作られたもので、鋳造技術の精巧さは他に例を見ません。また紀元前一六世紀に

甲骨文字

大きく発展した四川省の三星堆《さんせいたい》文化の遺跡から一九八六年に発見された青銅器は、全体の重さが一トンを超え、点数も五〇〇近くあり、出土量で空前であるばかりでなく、単品の大きさでも造形のユニークさでも中国青銅器の常識を破るものです。このように中国では青銅器は祭祀用として広く知られていますが、武器、工作具、農具などの道具として用いられていたことはいうまでもありません。ちなみに、中国の文字として三五〇〇文字の甲骨文字が使われ、文書が記録されるようになったのも殷時代です。

鉄

銅の精錬で効率よく銅を生産するためには、鉄が混在していることが不可欠であることは前に触れました。温度計もなく、熱に関する科学的知識もない古代においては、銅を精錬する際、炉の火の具合を調節するのはむつかしく、かなりのばらつきがあったに相違ありません。そのため、偶然に炉の中で銅の鉱石の中に豊富に含まれている鉄分が還元され、金属鉄となってスラグ中に溶けこみ、それが析出して小さな塊を作ることがありました。このような鉄は、紀元前二五〇〇年以前のメソポタミアや小アジアの遺跡から発見されており、当時かなりの高値で取引きされたといいます。このことが、鉄を直接に精錬する技術を探すきっかけとなったのではないかという説があります。

鉄を精錬する技術が見いだされるのに、銅の精錬技術の発見から二〇〇〇年近くも遅れた理由の一つは、鉄と酸素の結合力が銅に比べてはるかに強いためです。炉の中で金属を還元するのに必要な一酸化炭素の量が、銅では二酸化炭素の五〇〇分の一でよかったのに対して、鉄ではその比が三対一と還元性の強い空気が必要であるからです。しかも炉の温度が二〇〇〇度を超えると、金属鉄は酸化してしまいます。熱の理論も化学変化の知識もない当時、このような条件をクリアするのに長い年月を要したのでしょう。

鉄鉱石を還元するには、一酸化炭素が二酸化炭素の三倍もある高温のガスを作らなければなりません。木炭の燃え方は、表面では一酸化炭素を作り、それが外部の空気と反応して二酸化炭素になるという過程を経ます。木炭の燃える温度を上げるため、金属を精錬する炉には空気を強制的に吹き込みます。したがって、炉のいちばん高温（約一一五〇度）のところでは空気が過剰なので、ガスの中には一酸化炭素は残っていません。

しかし、炉の上部では酸素不足の状態で木炭が燃焼しているので、一酸化炭素の多い空気となります。約八〇〇度のその場所で鉄鉱石が還元されると、金属鉄ができます。この鉄は炉の下部に下がるにつれて高温のスラグに包まれて炉の底に下り、四時間から一二時間の運転の後、スラグと鉄の混在

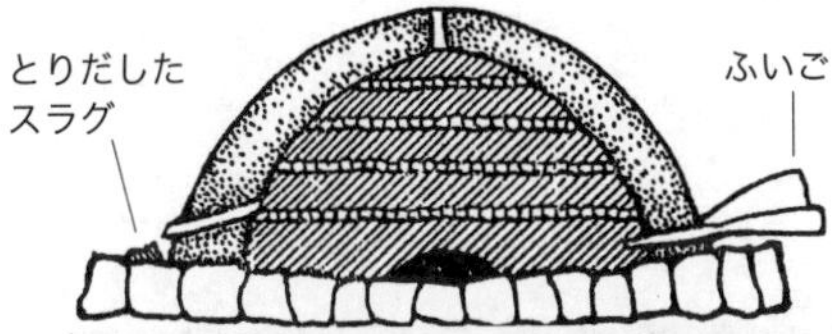

錬鉄生産用の原始的なブルーム炉　円形の石の台上に木炭と鉱石をたがいちがいに積み上げ，粘土でおおい，フイゴをさしこんで送風する

する塊（ブルームといいます）となって取り出されます。取り出されたブルームをスラグが融ける温度まで再び加熱して、ハンマーで鍛錬しますと、スラグが追い出され、鉄が塊となって得られます。しかし、この鉄は炭素含有量の低い錬鉄《れんてつ》で、打ち伸ばして板や棒に加工するには適していますが、そのままでは青銅の硬さには程遠い軟らかさです。

鉄の中に〇・一五パーセントから一・五パーセントの炭素を加えると、いわゆる炭素鋼となります。炭素鋼は七五〇度を超える温度に熱してから急冷すると、硬い組織になります。この焼き入れという操作によって、鋼は青銅より優れた硬度を持ち、鋭い刃を造ることのできる素材となるのです。焼き入れた鋼は、硬いが、脆いという欠点があります。しかし、再び五〇〇度程度に熱してからゆっくり冷ますという操作をすると、鋼に粘り強さが戻ります。この操作を焼き戻しといいます。けれども、鉄の中に含ま

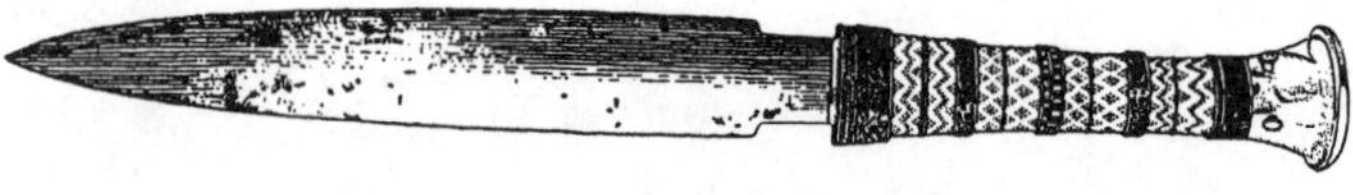

エジプトの鉄製短剣（紀元前1350年頃のツタンカーメン王の墳墓から出土）

ハルシュタットの鉄剣

れる炭素の分量によって鉄、鋼の性質が変わることが知られたのは一七五〇年になってからです。それまでは科学的知識もなく、もっぱら経験だけにたよった技術の伝承によって、錬鉄に炭素を加える浸炭《しんたん》と焼き入れと焼き戻しの三つの過程を経て、初めて鋼が有用な金属となることを習得していたのです。

錬鉄を鋼とするには、木炭の炉で何度も加熱し、鍛錬を繰り返して、表面から炭素を浸透させていかなければなりません。この浸炭技術は今のトルコにあたるアルメニアの山岳地帯に住む人々によって始められ、紀元前一九〇〇年から紀元前一四〇〇年の間に人工的に作られた鉄による鋼製品が作られるようになります。しかし、この技術は紀元前一四〇〇年から紀元前一二〇〇年までヒッタイト王が独占していたため、他の地域に広まることはありませんでした。ヒッタイトは、独占していた鉄の武器を用いて、他国を侵略したといわれています。紀元前一二

ギリシアの鍛冶場（紀元前6世紀のアッティカの黒絵の壺）

〇〇年に海の民の侵略によってヒッタイトが滅亡すると、アルメニア山地の製鉄技術者をはじめとする人々が数多く東方や南方に移住します。その結果、紀元前一二〇〇年から紀元前一〇〇〇年にかけて鉄を精錬する知識とそれを鋼とする浸炭技術が、イラン、シリア、パレスティナ、キプロス、クレタなどの各地に急速に広がりました。

ヨーロッパでは紀元前九世紀から紀元前五世紀にかけてオーストリア東部のハルシュタットで鉄器文化が栄えました。そこでは良質の鉱石が得られたため、不純物の少ない良質の鉄が生産され、鋼の製作、鋼の焼き入れと焼き戻しという鋼製造のすべての過程が行なわれて、ヨーロッパの鉄技術の中心となっていました。この技術はヨーロッパ各地に徐々に広がって、青銅の道具類はやがて鉄の道具類にとってかわられ、鉄器時代の到来をむかえます。当時の技術では鉄の鋳造は難しく、また鉄を切断したり、削

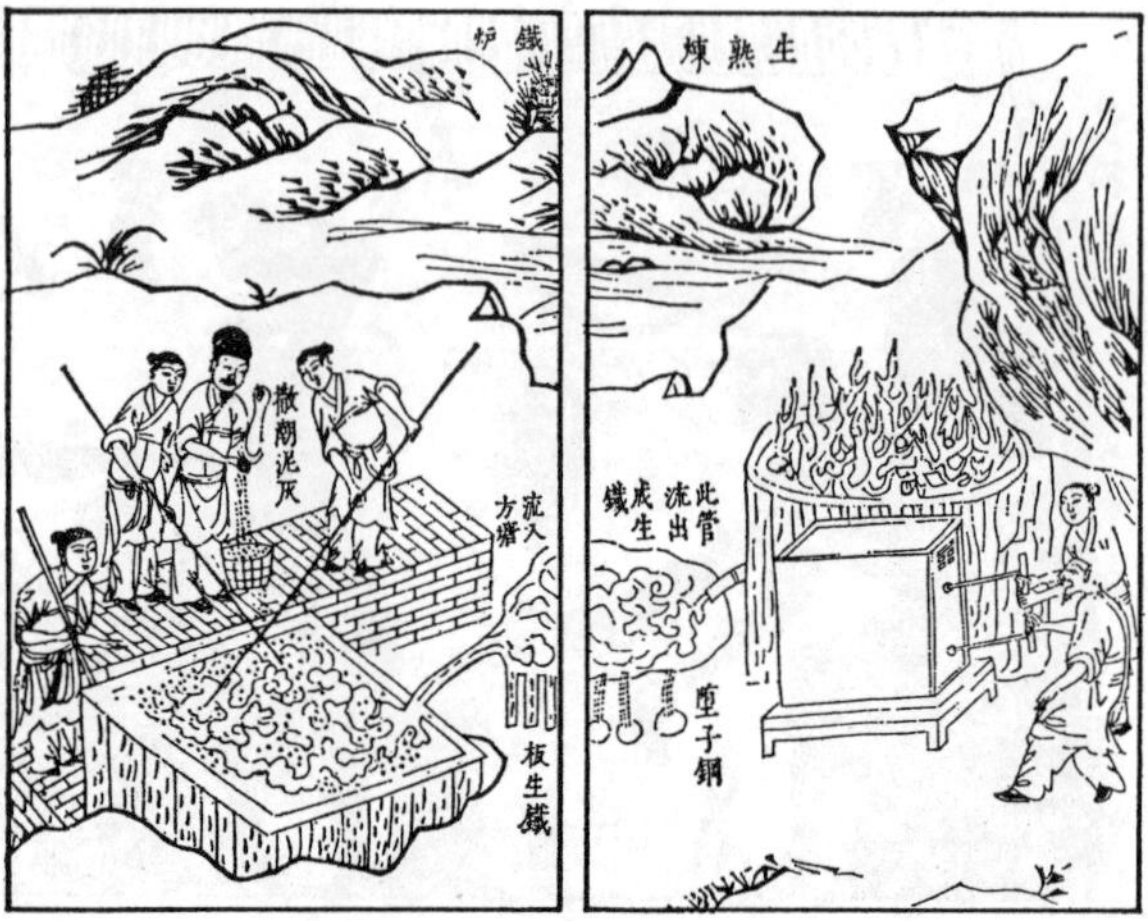

明代中国の銑鉄・錬鉄の精錬炉（『天工開物』1637年刊）

ったりする技術はなかったので、打ち伸ばしたり、曲げたり、穴をあけたりする鉄の加工はすべて鍛冶師の仕事でした。鉄器時代は、フイゴを動かし、ハンマーを打ち下ろす鍛冶師の時代でもあったといえます。鋳造することのできる鉄、銑鉄《せんてつ》がヨーロッパで生産されるのは、鉄鉱石の精錬に溶鉱炉が用いられるようになる一五世紀以降です。

中国の鉄は、青銅器とは逆に南部の揚子江流域よりも北部の河北地方のほうが進んでいました。紀元前六世紀までにこの地方では鉄がさかんに作られるようになります。製鉄の知識は、中近東地域と接触のあった中央アジアの遊牧民から伝えられたのではないかと考えられています。しかし、中国で行なわれた製鉄の技術は、地中海沿岸で行なわれていた錬鉄を作るブルーミング法ではなく、溶鉱炉を用いて鋳鉄を作る方法でした。溶鉱炉に大量の木炭と鉱石を高く積み上げ、強力な送風の下に高温の還元性ガ

元代中国の水力で動くフイゴ（『農書』1313年刊）

スを作って鉄を精錬する方法がそれで、鉄は約四パーセントの炭素を含むため、融点の低い銑鉄となります。中国の鉄鉱石は燐の含有量が多いため、融点は青銅の融点に近い九五〇度から一〇〇〇度であったと思われるので、技術的には到達可能でした。銑鉄は、紀元前四世紀には大量に生産されるようになり、各種の日用品や耕作用の農具が鋳造されています。

銑鉄から鋼を作るには、錬鉄の場合とは逆に炭素の含有量を減らさねばなりません。銑鉄を加熱して鍛造すると、炭素が酸化されて炭素の少ない錬鉄になります。そこでまず銑鉄を錬鉄にしてから、いろいろな道具を造るために、浸炭とか銑鉄と重ね合わせて鍛造するなど炭素を加える作業の手順を踏んで、焼き入れをして、硬い鋼を造っていました。

鉄の精錬に溶鉱炉を使う中国の技術は、ヨーロッパに二〇〇〇年も先んじており、独得のものです。

江戸時代のたたら製鉄

特に往復の動きで風を送るフイゴを水車によって駆動する技術は、当時、他の地域では用いられていません。ヨーロッパで水車が実際に用いられるようになるのは、ずっと後になってからです。

日本での製鉄はずっと遅れて、紀元前後の弥生時代に始まったという説があります。砂鉄を原鉱石としたたたらという独得の製鉄法が始まるのは、弥生時代後期から古墳時代のことと考えられており、明治時代までたたら炉による製鉄が行なわれています。たたら法によってできる山陰地方の鉄は粗鋼で、玉《たま》鋼《はがね》と呼ばれていたきわめて良質の鉄です。一回の操業には三日三夜を要し、一回の生産量は、初期には数キログラムでしたが、江戸時代にはフイゴの改良など技術の発達とともに数トンにまで達しています。燃料の木炭一五トンと砂鉄一九トン弱で鉄四・五トンを生産した記録があります。山陽地方では同じような方法で、鋳物に使われる銑鉄も作られていました。しかし、日本の鉄を代表するのは、やはり日本刀の素材となる玉鋼といっていいでしょう。

鉄、鋼の道具は、青銅の道具に比べはるかに性能が良いので、鉄器の普及につれて農業の生産性は向上し、社会生活はますます豊かになっていきます。

3 燃料

木材

人類の遠い祖先は森を出てサバンナに移り住んだサルであるといわれています。しかし、その後の人類の祖先が道具を作ったり、山火事から火の使い方を学んだりした進化の過程を考えると、人類の祖先は森からあまり離れたところにいたとは思えません。原始の時代から文明といわれる時代まで木材は、人が火を燃やす燃料としてはもちろん、道具を作り、家を建て、船を作り、機械を作り、土木工事をする材料としても不可欠でした。

原始時代の洞窟を暖めた焚き火と食べ物を調理する炉の火には森から拾ってきた粗朶《そだ》が用いられたでしょうし、古代に土器を焼く火にも森で拾い集めた木材が使われたでしょう。そのほか人の生活を支えてきた火は、すべて木を燃やす火でした。青銅器時代と鉄器時代を特徴づける金属の精錬技術は、森から切り出してきた木と木炭を燃やす火によって生み出されました。火の利用だけを考えても、人と木は切り離しては考えられない存在であるといっていいと思います。

人が集団生活をするようになり、都市が形成されるようになると、木の資源を提供する森は、人の生活と密着した存在となります。都市国家を維持するために、都市の支配者にとっては、燃料と建設材としての木材資源を供給する森を支配下に置くことが最も大切な課題でした。

紀元前二七〇〇年頃、シュメールの都市国家ウルクの王ギルガメシュは、青銅の斧を持って神エンリルの神聖な森に入り、森の守護神フンババを殺して、レバノン杉の森を切り払ってしまった、とメソポタミアの最古の叙事詩「ギルガメシュ叙事詩」は語っています。森を荒らされた神エンリルは嘆き悲しみ、森を侵した者に自然の報いを予告して、「汝らの食す食べ物は火に食われよ。汝らが飲む水は火に飲まれよ」と呪詛の言葉を投げつけます。

「ギルガメシュ叙事詩」を書いた人々は、文明がひとたび森に侵入するようになれば、森は人間によって破壊しつづけられていき、森林破壊の後には旱魃《かんばつ》が起きることを知っていました。この物語は、南メソポタミアは森の伐採に邁進した他の多くの文明とまったく同じ運命をたどるであろうと予言して終わります。実際に今のイラクにあたるメソポタミア南部は、いまでは石と砂と湿地帯の不毛の地となっています。

文明といわれる人々の豊かな生活は、いわばギルガメシュの後裔どもが森の木を切り倒し、木を自分の物として利用しつづけてきた結果としての便利さであり、繁栄であるといえます。今でこそ燃料といえば、石炭や石油を思い浮かべ、素材といえば、鉄を第一に思い浮かべます。けれども、ほんの二〇〇年前までは木材が主役でした。そのため、人口が増え、技術が進むにつれて、人の住む土地の近くにある森は次々と消えていきました。

人が火を使ってものを作ることを始めたのも、森を食いつぶしてしまった原因の一つです。暖房や調理に使う薪は、近くの森や林で拾い集めた枝木で十分です。しかし、土器や陶器を焼く時、特に銅や鉄などの金属を精錬する時には、火力の強い硬い木を必要とします。

さらに強い火が必要な時には木炭が使われます。木炭は、同じ重さの木材の五倍の火力が得られる古代の画期的な発明です。すでに紀元前三〇〇〇年以前のエジプトの王墓に木炭の存在が認められます。古代メソポタミアでも古くから職人が木炭を使っており、またパレスティナの鍛冶職人も木炭を使っていました。

フォーブスによりますと、ローマ時代に一キログラムの銅を精錬するための燃料としては、木炭を製造する分を含めて約九〇キログラムの木材が必要であったといいます。三〇〇〇平方メートルの森には一〇〇本の木が育ち、一本の木が九〇〇キログラムの燃料となると考えられますので、金属銅一トンを作るために三〇〇〇平方メートルの森が切り倒されたことになります。木炭を作れるほどの大きさに木が育つには、四〇年はかかります。森を維持しながら、銅一トンを生産しつづけるには、一二万平方メートル（三五〇メートル四方）の森が必要となるわけです。

紀元前一五〇〇年頃から紀元前一二〇〇年頃にかけて栄えたミケーネ文明期のギリシアで、銅の主な生産地として各地に銅を輸出していたのはキプロス島です。水中考古学者は、銅の鋳塊二〇〇個を積んだまま沈んだ青銅器時代の難破船を発見しています。これらの銅はすべてキプロス島で精錬されたものです。これだけの銅を生産するために、キプロス島で伐採された松の木は、およそ二万五〇〇〇本と推定されます。こうした船による銅の鋳塊の交易が活発に行なわれていた結果、キプロス島では銅産業のためだけでも毎年六〜八キロメートル四方の森林が破壊されていました。

また、これと同程度の森が、生活のためや陶器生産などの産業用の燃料のために伐採されていたことを考えますと、面積がわずか四七〇〇平方キロメートルしかないキプロス島では、川沿いの森や川に近いところにある森が枯渇してしまうのは明らかです。森林を破壊しますと、洪水や土砂崩れが起き、海岸の港も堆積物で埋め尽くされてしまいます。

遠い山の中の森はまだ残っていましたが、当時の輸送は動物に頼っていたので、遠いところにある木材を輸送するのはむつかしく、コストも高くつきました。手に入れられる燃料用の木材の枯渇と港や土地の荒廃から、キプロス島の繁栄は紀元前一〇五〇年に幕を閉じます。

ミケーネ文明の中心地は、今のギリシアのペロポネソス半島です。ミケーネ文明の繁栄をもたらしたのも、近くにあった豊富な森林資源でした。キプロスから運ばれた青銅の鋳塊を融かして、道具類や日用品に再加工する鍛冶師が四〇〇人いたといわれますから、青銅の加工生産は年に数トンに達していたと思われます。陶器も重要な輸出品でしたので、豊富であった近隣の森は三〇〇年の間についに使い尽くされてしまいました。ミケーネ文明の衰退は、多数の人口を支えていた森林資源がなくなったために、産業が衰退し、人口が激減していったことによります。ギリシア全体で人口が七五パーセントも減少したといわれています。

ホメロスの『イリアス』と『オデュッセイア』に書かれた紀元前一一九四年から一〇年にわたるトロイ戦争は、神話によれば、トロイの王子パリスがスパルタの王妃ヘレネを奪って妻としたため起こったとされています。また伝説によれば、ゼウスは、人間による略奪によってやせ細ってしまった大地の様子を見て心を痛め、大地を回復する唯一の方法は、大地にこのような暴虐を働いた当の人間を地上から抹消するしかないと決意して、トロイ戦争を起こしたのだといいます。「累々と重なる死が世界を無に帰し、大地を回復するように」と。しかし、安田喜憲氏は、森を失ってしまったギリシアが、木材獲得のために豊かな森林を後背地に持つ商業の中心地トロイを攻めたのではないかと推論しています。

歴史を振り返って見ますと、古代からローマ時代まで支配する森を持つ者が栄えて、一つの文明を作ります。やがて何世紀かの繁栄の後、金属、陶器、ガラスなどの製造用の燃料として、また建設・造船用の資材として木材を浪費して、森林資源が失われてしまうと、その文明は衰退します。あげくのはてには、森林資源を手に入れるために、豊かな他国を侵略することが、何度も繰り返されてきたように思えます。

ローマ時代にも森は豊かな生活の犠牲となって衰退してゆきます。はじめにローマ近郊の森がなくなり、紀元前二世紀の初めにはイタリア各地の森が伐採されてゆきます。やがて紀元前一世紀にはローマ人は、当時、森におおわれていた現在のベルギー、イギリス、フランス、ドイツにあたる地域を征服して、森を手に入れます。紀元一世紀のカリグラ帝以降の皇帝の時代には、浴場の建設とその運営に、ガラス窓の普及によるガラスの生産に、また豪奢な建築に多量の木材が消費され、ヨーロッパの森は侵食されていきました。

ローマの繁栄を支えたのは、主としてスペインにおける銀の生産でした。しかし、銀を精錬するために消費した木は四〇〇年間で五〇〇万本以上に達し、伐採された森の面積は一万一二〇〇平方キロメートル以上といわれます。そのためスペインの銀生産地の森は二世紀半ばには枯渇して、銀の生産は減少し、ローマは財政基盤を失います。この時、銀の鉱石はまだ豊富に残っていたといいますから、まさに森の消滅がローマを滅ぼしたといえましょう。

紀元前二〇〇〇年から紀元前一〇〇〇年に一時は使い尽くされて消滅したクレタ島やキプロス島の森がローマ時代に蘇ったように、またローマの鉄工業に丸裸にされたイギリスの森が中世に再生したように、一つの文明が滅びた後、何百年か経つと森は再生して、別の文明がそれをまた利用することも、しばしば見られました。しかし、時とともに人口が増え、食料の生産のために森を切り開いて農地や牧場にするようになると、森は再生しなくなります。また同時に社会の工業化が進み、鉄の生産をはじめとする燃料用の木材の消費量が、古代に比べて比較にならないほど増加する中世ともなると、森は急速に文明社会から姿を消してゆきました。

一一世紀から一六世紀までイタリア北部の森林資源を背景にして地中海の交易を支配し、繁栄を誇ったヴェネツィアが衰退した原因の一つは、ヴェネツィア社会が成長するにつれて、急激に近郊の森

ヴェネツィアのガラス製造場（1540 年）

を使い尽くしていったためです。かつてヴェネツィアの北ヴェローナを望むアルプスの山岳地帯には、豊富な森が広がっていました。その木材をエジプトなどのイスラム社会に輸出する交易が、ヴェネツィアに繁栄をもたらしたそもそもの始まりでした。有名なヴェネツィアのガラス工業と豊富な木材資源を後ろ盾にして建造された商船隊による交易が、多くの富をもたらしたのです。しかし、頼みにしていた森も、過剰な消費と地元住民による農耕地への転換によって時代とともに消滅していき、一六世紀にはオランダなどの海外の国で船を造らなければならないようになり、一六〇六年にはヴェネツィアの商船隊の半分以上が海外で建造されています。

オランダには森はありませんが、当時、森林資源の豊富なヨーロッパの内陸部とオランダを結ぶ川には舟運が発達し、また巨大な森を持つバルト海沿岸地方への海運にも恵まれていましたので、木材資源

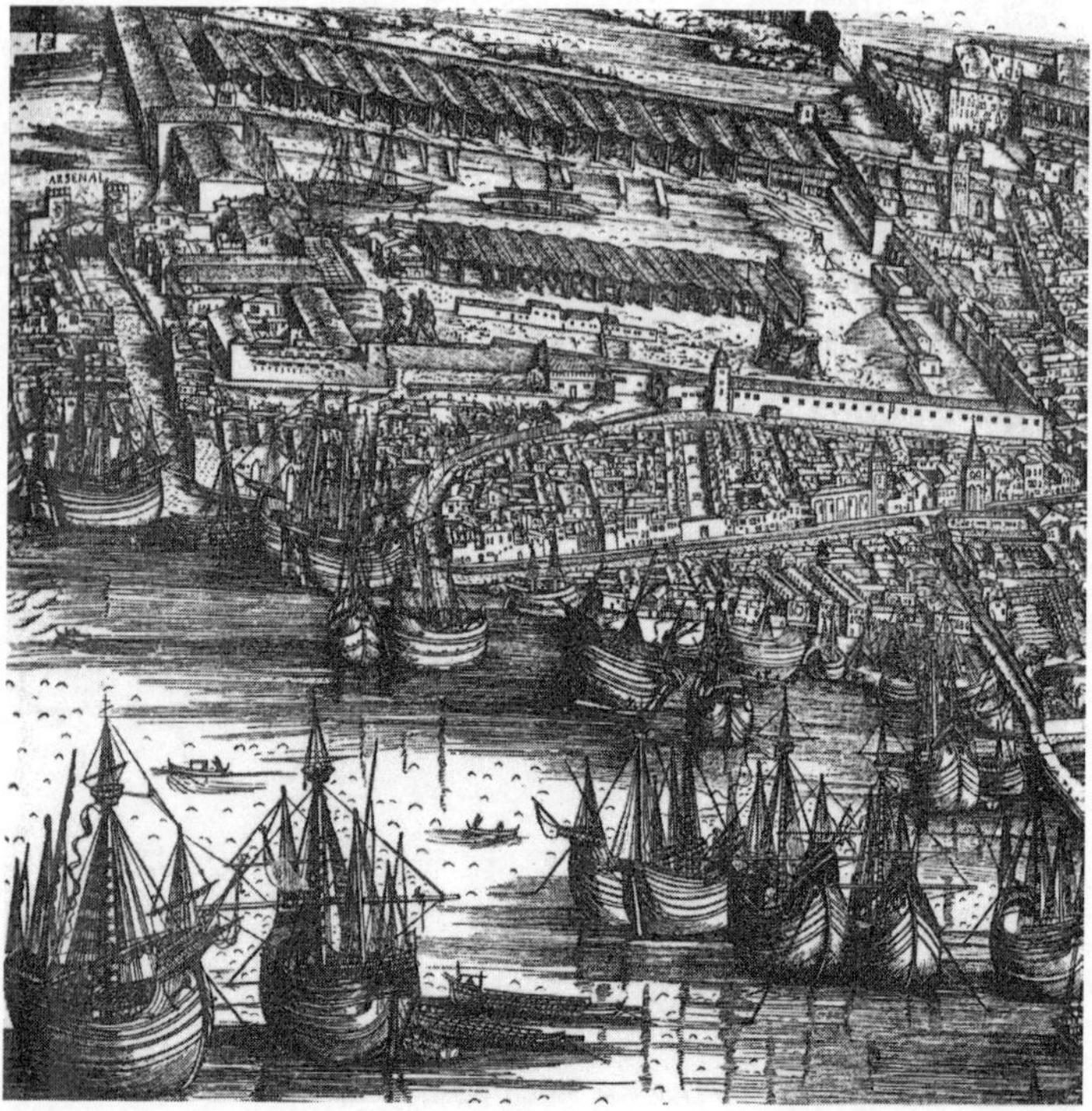

ヴェネツィアの海軍工廠

を豊富に手に入れることができました。ウォールター・ローリー卿によれば、オランダ人は省力化した大型船に一度に大量の木材を積んで、驚くほどの低コストを実現していたそうです。その結果、「巨大な森は東部の王国に集中しているというのに、山と積んだ帆柱や木材は木のほとんどない低地の国に集まっている」という状態が現出します。一五世紀から一七世紀の後半にかけてオランダが、大西洋やインド洋に進出した大航海時代の有力な海運国となった原因はここにあります。

オランダに次いでイギリスが世界の海を制覇した原因の一つは、一七世紀後半にアメリカを植民地として、その森林資源を手に入れたためです。イギリスの巨大な軍艦の帆柱になるような大きな木は、一八世紀始めにはヨーロッパにはほとんどなくなっていました。ニューイングランドの直径七〇〜九〇センチメートルにも達するストローブマツの森林がイギリスの繁栄を支えていたのです。

しかし、アメリカ自身が発展していくにつれて、国内における製鉄業が盛んになるとともに、木材の消費量が増大します。そこで帆柱のほしいイギリスと自分たちの産業のための木材を必要とするアメリカとの間に、当然のことながら摩擦が生じます。一七七六年のアメリカ独立戦争は、起こるべくして起きたイギリスとアメリカの分離なのです。

石炭

森が次第に後退して、手に入れにくくなった木材に代わって燃料として次に登場したのが石炭です。

チャーターハウス校の大食堂にある石炭用の暖炉（1610 年頃）

石炭を燃料として使いはじめたのは、豊富な石炭資源を持っていたイギリスです。

一六世紀前半までのイギリスにはまだ豊富な森が残っていました。ヘンリー八世（一五〇九年即位、一五四七年没）の時代には、オランダや北フランスに大量の木材を輸出していたほどです。しかし、一五四〇年代の初めに当時の国際的な政情不安を背景にして大砲などの兵器を国内で製造するために大規模な製鉄業がイギリスに興ります。一五四九年には南部のサセックスで稼働している製鉄工場の数が五三基にも急増したため、森の大規模な破壊が始まり、とくにロンドン近郊やイングランド南部の森は急速に失われました。

エドワード一世の時代（在位一二七二―一三〇七年）には、「石炭を燃やすと空気が汚れ、市民の迷惑となるばかりか、健康にも害がある」という理由から、職人による石炭の使用を禁ずる余裕があった

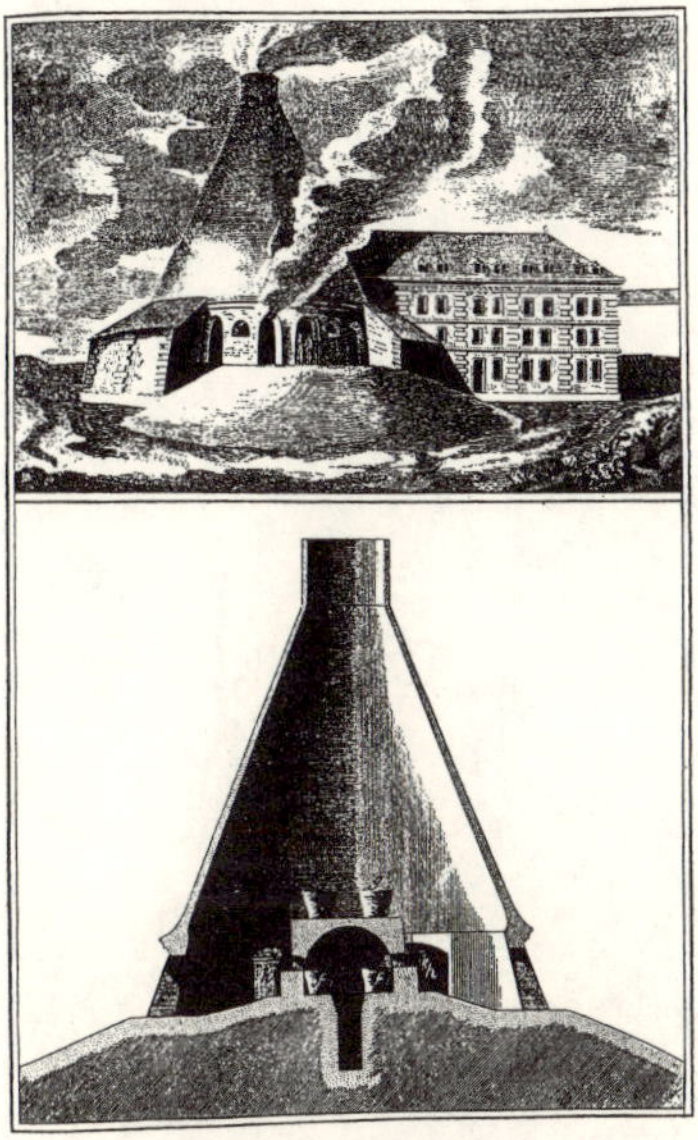
石炭を燃料とするイングランドの円錐形のガラス工場（1772年）

といいます。しかし、一六世紀後半には製塩業、染物業、鍛冶業などが、燃料を木から石炭に転換するようになっていました。暖房にも石炭が使われ、エリザベス一世（一五三三－一六〇三年）もロンドン市民も石炭の煤煙に苦しめられながら毎日を送るほかなかったといいます。

石炭を燃料とする反射炉によるガラスの製造は一六一二年に始まり、一六一五年にはガラス製造の燃料に木材を使用することが禁じられます。後に製鉄業で重要な燃料となる石炭を蒸し焼きにしたコークスも、一六二〇年に醸造業でモルトの乾燥のために使われています。一六四〇年までにイギリスでは石炭が広く産業用に使われるようになりますが、唯一の例外は、鉄を精錬、鍛造する産業で、相変わらず木炭が使われていました。一七世紀の実験家ゲイブリュエル・プラッツは「鉄を石炭で作ろうとした試みはすべて失敗に終わった」と書いています。

上流の炭鉱から河船で運ばれた石炭を積み出すためタイン河口にむらがる石炭積み船（1655年）

炭焼き

イギリスは一六五二年から一六七四年にかけてオランダと三次にわたって戦争を起こします。そのため艦船建造用の木材と戦後の海軍を維持するための木材の需要が増加したうえ、製鉄用の燃料としての需要も相変わらずでしたので、木材を容易に運び出すことのできるイギリス本土の川沿い三〇キロメートル以内の森はほとんど伐採されてしまいました。自然の森に頼ることができなくなった製鉄工場は、植林と定期的な伐採（一六年周期で均等）によって燃料を確保するようになります。コピス方式とよばれるこの方式は、伐採した切り株から新しい芽を出させて育てるもので、一七世紀後半から一八世紀初頭にかけてさかんに行なわれ、製鉄産業の燃料は一応確保されるようになりました。

一方、石炭の需要が次第に増えたため、川沿いにあった炭鉱の石炭はとり尽されてしまいます。石炭の生産は、次第に川沿いから離れた炭鉱に移ってい

Fig. 9
Fig. 10
Fig. 4
Fig. 6
Fig. 5
Fig. 7
Fig. 15
Fig. 18
Fig. 11
Fig. 17
Fig. 14

舟運による材木の輸送

コピス方式による材木の伐採作業

木製のレール上をゆく石炭運搬車（1773年）レールは傾斜した道に沿って敷かれていたので，坑口で石炭を積んだ車は船着き場まで惰性で下り，空になった車は馬で引き上げられました

きました。川から四キロメートルも五キロメートルも離れた炭鉱から川岸まで石炭を効率的に輸送するため、馬車道が建設されはじめます。馬車道の線路や枕木、そして荷車の製作には大量の木材が必要です。製鉄のために確保した木材がここに流れ、製鉄業は再び木材不足による燃料費の高騰におそわれました。

燃料が高く、入手困難であったとはいえ、製鉄業者は保護政策によって利益となる額が保証されていたので、生産量の減少は見られませんでした。もっとも、一七世紀の間、鉄の生産量は実質的にはほとんど増えていません。一六〇〇年頃の年間生産量は一万七〇〇〇トンほどと推定されますが、一〇〇年後の一七〇〇年の生産量はそれを数千トン上回る程度にしか増加していません。鉄の需要はいちじるしく増大したにもかかわらず、生産が追いつかないので、スウェーデンから棒鉄を年に数万トン輸入して不足分を補っていました。

アブラハム・ダービーがコールブルクデイルで初めてコークスを燃料とした製鉄に成功したのは一七〇九年といわれ、一七一八年までには実用的な生産に入っています。けれども、木炭より燃えにくいコークスを燃料に使用するには、さらに強い風を高炉に送る必要があります。送風の動力は水車でしたが、水車の直径を大きくしても、ダービーの発明を生かすには不十分でした。そのため、他の地域に彼の新しい方法は普及せず、一八世紀半ばまでは木炭による製鉄が主流でした。

一七二〇年の統計によりますと、イギリス全土で溶鉱炉の数は約七〇基、銑鉄の年間生産量は二万四五〇〇トンでした。錬鉄を作る鍛造工場は一一六ありましたが、この程度の数の工場でも燃料とし

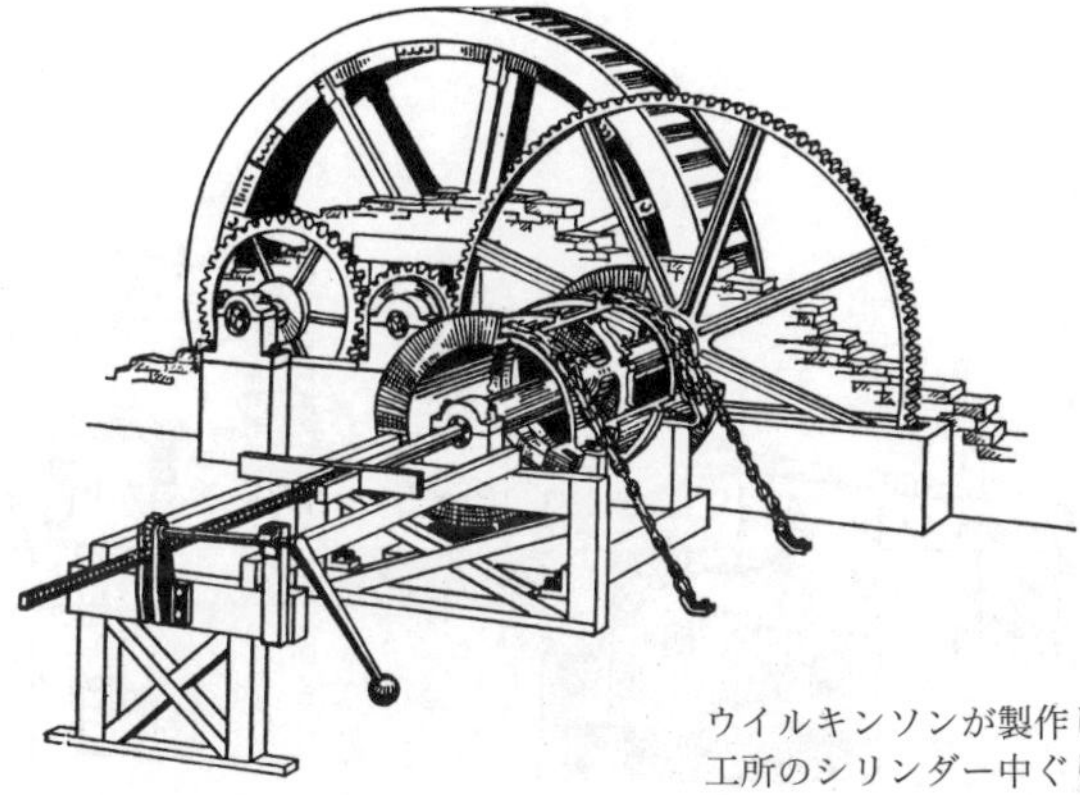

ウイルキンソンが製作したバーシャム鉄工所のシリンダー中ぐり盤（1776年）

て森を次々と食い尽くしてゆきました。

一七六二年に新しい形式の送風機が現われ，ほどなくしてジョン・スミートン（一七二四―九二年）の効率のよい円形型送風機が導入されて，送風問題は改善されますが，動力が水車であったため，完全な解決にはいたりませんでした。問題を完全に解決したのはジェームズ・ワット（一七三六―一八一九年）の蒸気機関で，一七七六年にシュロップシアのニュー・ウィリーにある有名な鉄鋼業者ジョン・ウイルキンソン（一七二八―一八〇八年）が所有する製鉄所の高炉の送風用に製作されました。これが炭鉱の揚水以外に蒸気機関が使われた最初であり，以後，蒸気機関は産業用の動力として普及します。ワットの蒸気機関が成功を納めたのは，ウイルキンソンが一七七四年に発明した中ぐり盤によってシリンダを精度よく加工できたことが一因です。以後，他の製鉄業者も送風用の蒸気機関を導入し，ヨークシ

コークス炉の送風用蒸気機関

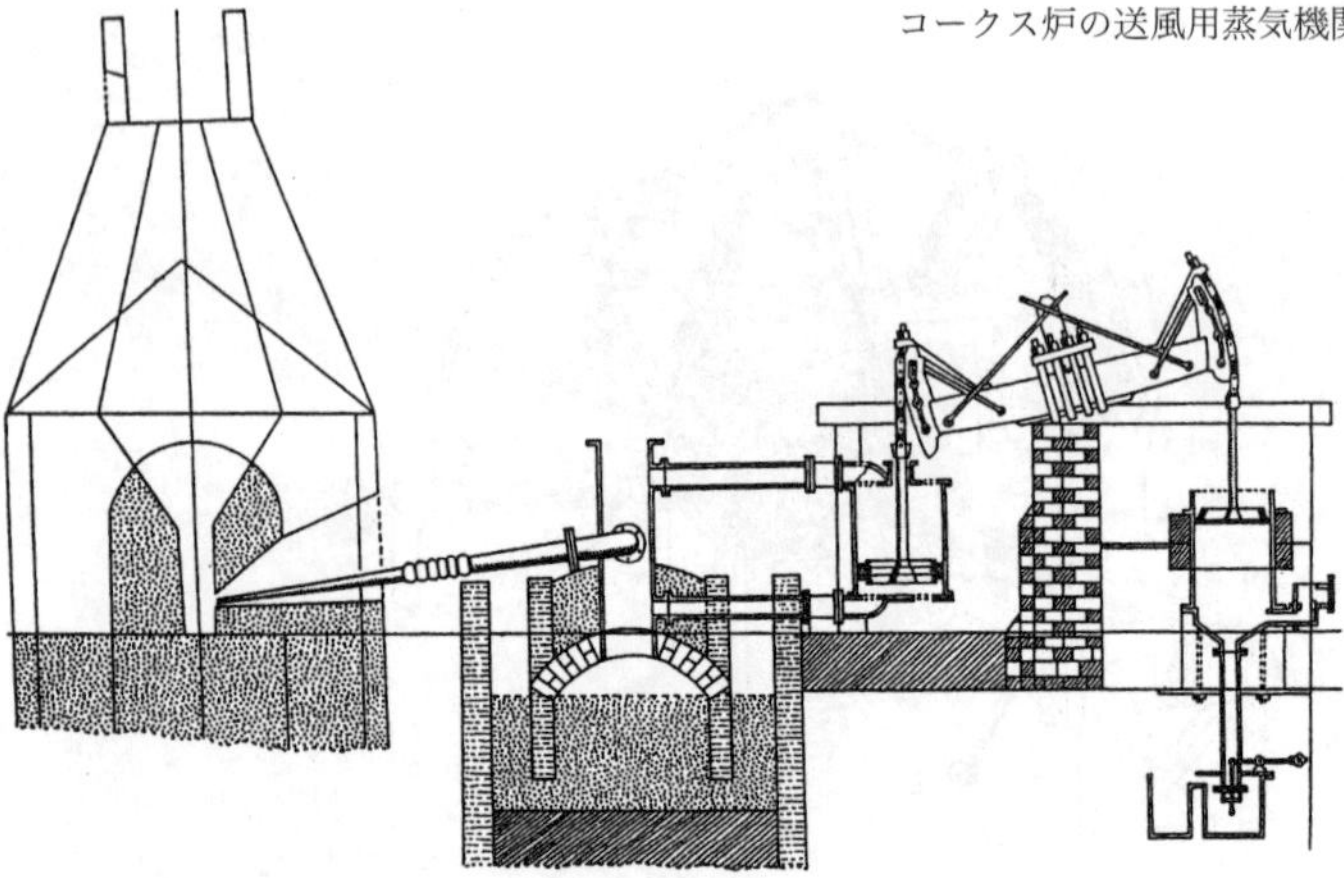

ャーから南ウェールズにいたる広い地域でコークス炉が見られることになります。

一七六〇年に操業していたコークス炉は一七基をこえず、その後の一五年間の増加数は一四基にすぎません。ところが、一七九〇年にはイギリスの一〇六基の高炉のうち八一基がコークス炉で、しかも半分近くがイングランド中部地方に集中していました。これを見れば、ワットの蒸気機関がコークス炉の普及に大きな役割を果たしたことがわかります。

コークス炉が増えるにつれて、鉄の生産量は急激に増加します。コークス炉が全体の約三〇パーセントしかなかった一七六〇年の銑鉄《せんてつ》の生産量が三万五四〇〇〇トンであったのに対して、コークス炉が八〇パーセント占める一七八八年の銑鉄の生産量は倍の七万トンに増加しました。これは、イギリスの製鉄用燃料の主役がようやく木炭から石炭に転換したことを示しています。

こうして一八世紀の終わりにはイギリスの木材は、産業用の燃料ではなくなり、ナポレオンなどの外国の脅威から国を守るための海軍艦艇の建造に使われるようになります。当時、イギリスに木材を供給していた国は主として北欧諸国でした。

石油

自然に産出するピッチや原油の存在は、古くから知られていましたが、石油を実用的な燃料として最初に用いたのは、イギリスのアブラハム・ゲスナー（一七九七－一八六四年）で、一八五三年にアスファルトからランプの燃料としてケロシンを作る会社を設立しています。地下に存在する原油をくみ上げて精製する事業は、E・L・ドレイク（一八一九－八〇年）が一八五九年八月にペンシルヴァニアのオイル・クリークで地下二一メートルにある油層を発見して、生産を始めたのが最初です。地下に原油があることを知ったのは、当時、塩と地下水を得るために井戸を掘ることが盛んに行なわれていて、そのうちの一五を超える数の井戸で副産物として原油が混ざって出てきたためです。このように塩水と原油とがしばしば共存していることを知ったのが、石油を得るための井戸（油井《ゆせい》）を掘るきっかけとなったのです。

こうして得られた原油を科学的に分析し、原油の分溜によって得られる種々の成分の分溜温度範囲と製品の比重を確定したのがエール大学のベンジャミン・シリマン教授で、一八五五年四月にレポートを発表しています。当時、石油の需要は、主としてランプ用の灯油、ボイラー用の燃料としての重油および潤滑油でした。灯油はキッチンレンジの燃料としても用いられるようになり、一八七八年のパリ博覧会でキッチンレンジの新しい器具が紹介されると、その後、数年のうちに五〇万台もの売り上げがあったといいます。重油を高圧の空気や過熱蒸気と一緒に噴射して燃焼させる方式が開発された一八六〇年代以降、重油はボイラー用の燃料としてのみならず蒸気機関車や船用機関の石炭に代わる燃料として広く用いられるようになりました。

軽い成分のナフサやガソリンは、一八九〇年代にはハンド・トーチに使われるか、ドライクリーニングの洗剤として使われるだけでした。ガソリンが石油燃料の中で重要な製品となるのは、二〇世紀に入って内燃機関を主たる動力とする自動車と航空機が発達してからです。石油製品のなかでのガソリンの収量を多くするように、現在では重い成分を分解してガソリンを作り出す種々の方法が考案されています。

石油系のさらに軽い成分としては天然ガスがあります。天然ガスは石油の生産地と異なったところでも見いだされます。天然ガスは生産地からパイプラインで基地まで運ばれ、そこで液化した後、特殊なタンカーで消費地まで運ばれます。天然ガスは分子中に炭素の割合が少ないメタンが主成分ですので、燃やした後に生じる二酸化炭素の割合が他の石油製品に比べ比較的少ないことから、クリーンな燃料として自動車や発電所の燃料として多く使われるようになっています。

4 動力

大気圧機関

一七世紀の後半以降、石炭の需要が増え、炭鉱での生産量が増加するにつれ、川沿いの炭鉱は掘り尽くされて、炭鉱は川から離れたところに移っていきます。また、地上に近い浅い所は掘り尽くしてしまったため、だんだん地下深いところまで坑道を掘り進めなければならなくなります。深く掘り進むにつれ、地下水が浸出してきて炭坑内が水浸しになるので、たまってくる水をくみ出さなければなりません。炭坑の深いところの排水は、ポンプを何段にも重ねてくみ出さなければならず、炭鉱の経営にとってはかなりの負担になる問題でした。

川沿いであれば、排水する動力として水車が利用できます。しかし、川から遠いところでは、馬をぐるぐると歩かせてウイム（巻き上げ機）で排水していました。馬を交代させなければなりませんし、世話をする人も雇わなければなりませんので、この動力の維持にはかなりの経費がかかりました。

ヨーロッパの一七世紀は近代科学の黎明期といわれる時代であり、一六〇四年のガリレオ・ガリレイの落体の法則の発見以来、実証的な研究が盛んになります。とくに大気の圧力については多くの学者が研究しています。一六四三年に一端を閉じた管の中に水銀を入れ、それを水銀の入った鉢に逆さに立てると、管の中の水銀柱は七六〇ミリメートルより高くならないことを示したエヴァンジェリスタ・トリチェリ、一六四八年にその水銀柱を一四〇〇メートルの山の頂上に持ってゆき、高いところでは大気圧が低くなることを証明したブレーズ・パスカル、空気ポンプを考案して、シリンダーの中を真空にすると重いものを持ち上げられることから大気圧を実験で示したマグデブルク市長オットー・フォン・ゲーリケ、一六六二年に空気ポンプを使って、気体が圧力に比例して収縮、膨張する弾力

19世紀初期の石炭運搬婦

切羽から石炭を積んだトロッコを動かしている19世紀初期の少年石炭運搬夫

ウイム

重りを持ち上げるゲーリケの空気ポンプ

性を持つことを示したロバート・ボイルがそうです。

水を沸騰させて生じる水蒸気を密閉した容器の中に閉じ込めると、高い圧力になり、それを冷却すると水蒸気は液体の水に戻るため、体積が急減して真空状態を作ることは古くから知られていました。フランスのデニス・パパン（一六四七―一七一二年？）は、「安い費用できわめて大きな出力をうるパパンの新しい方法」としてこの水蒸気の凝縮を利用した装置を提案しています。彼の説明によれば、ピストンをはめたシリンダーに水を入れて加熱すると、水蒸気がピストンを押し上げ、冷えると大気圧がピストンを押し下げるのですが、彼の装置が講演用の卓上装置でしかないことは明らかであり、実用化の方策はなにも示されていません。また、管を差し込んだ容器に水を入れて熱し、管から水を高く吹き上げさせる実験を見世物として演じた者もあります。

水蒸気の凝縮によって真空が作られるという知識を応用して、水をくみ上げる実用的な装置を初めて作ったのはイギリスのトーマス・セイヴァリ（一六五〇？―一七一五年）で、一六九八年に特許をとっています。この装置のしくみは、吸い上げた水が戻らないように逆止弁を備えた容器にボイラーからの蒸気を入れ、冷水で冷やすと、容器中に真空ができて水を吸い上げ、その後にボイラーから高い圧力の蒸気を吹き込むと、吸い込んだ水が上方に押し上げられるというものです。

真空で水をくみ上げられる高さは理論上一〇メートルですが、この装置ではせいぜい五～六メートルが限度でしょう。また当時の技術水準では十分に高い圧力、高い温度に耐えられるボイラーを作ることができなかったので、この両方の動作で実際に水をくみ上げ、押し上げることのできる高さは一

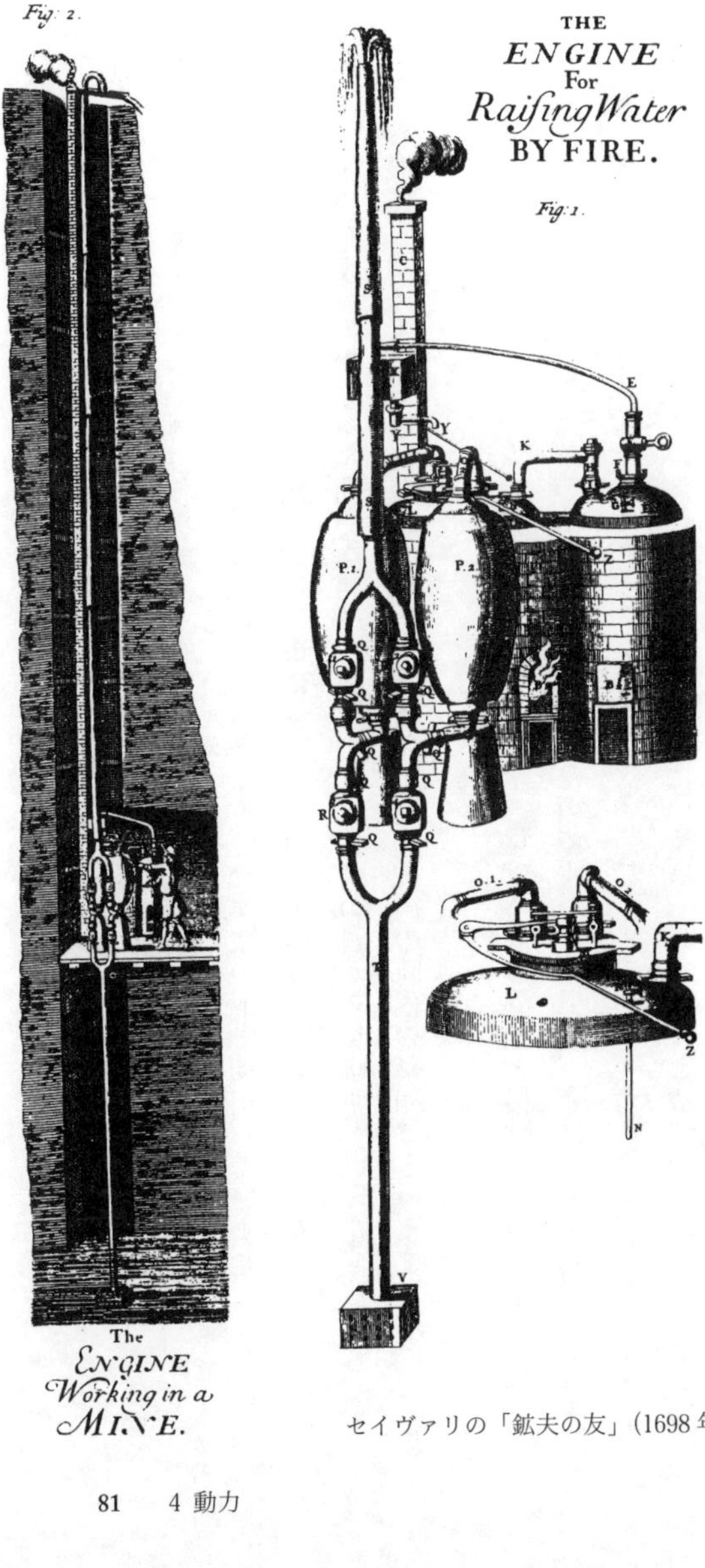

セイヴァリの「鉱夫の友」(1698 年)

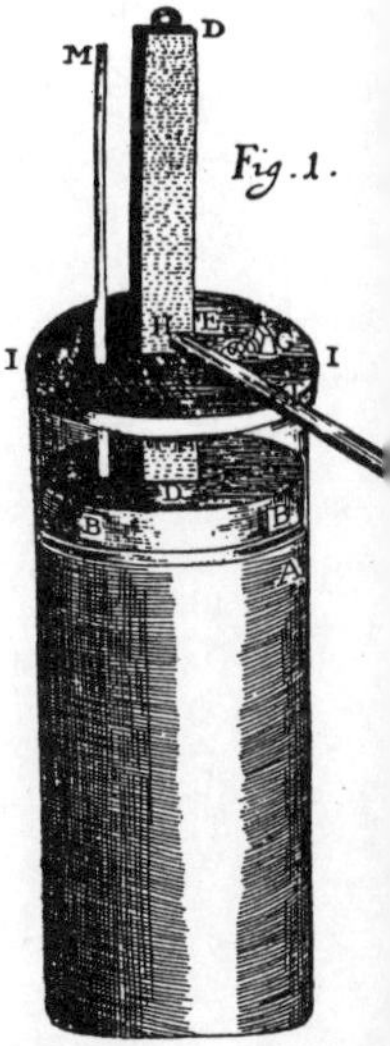

シリンダーとピストンを用いたパパンの真空装置（1690 年）

五メートル程度であったといいます。セイヴァリの装置は、当初の目的であった鉱山の深いところから水をくみ上げる用途には力不足であったため、炭鉱での使用はやがて廃れますが、水道のための揚水などには後年まで使われた例があります。

これまでの火の利用方法は、火の持つ熱のエネルギーをそのままの形で利用していました。しかし、火のエネルギーを水をくみ上げる機械的な仕事に変えるというエネルギー変換のしくみは、火の利用の歴史上、まったく質の異なる画期的な利用方法であり、技術の質から見ますと、現在、私たちが享受している機械文明にまで引き継がれているエネルギー利用技術の時代の幕開けということができるのです。

セイヴァリと同じ頃、もう一人の男が、火によって水を揚げる同じ問題と格闘していました。そしてセイヴァリとはまったく異なる方法でそれを解決したのです。その男は、今日の蒸気機関へと連綿として続く系譜の最初で最大の一歩を踏み出したトーマス・ニューコメン(一六六三―一七二九年)です。大気圧機関と呼ばれるニューコメンの装置は、簡単にいえば、ピストンを持つ一つのシリンダーからなり、別に置いたボイラーから蒸気をピストンの下に導き入れ、それからコックを開けてシリンダー内に冷水を噴射して蒸気を凝縮させるものです。蒸気が凝縮するとシリンダーの中は真空となって、ピストンは大気圧によって押し下げられます。ピストンをビームの一端から吊り下げておけば、ビームのもう一つの端に取りつけてあるポンプのハンドルが引き上げられ、水をくみ上げることができるのです。

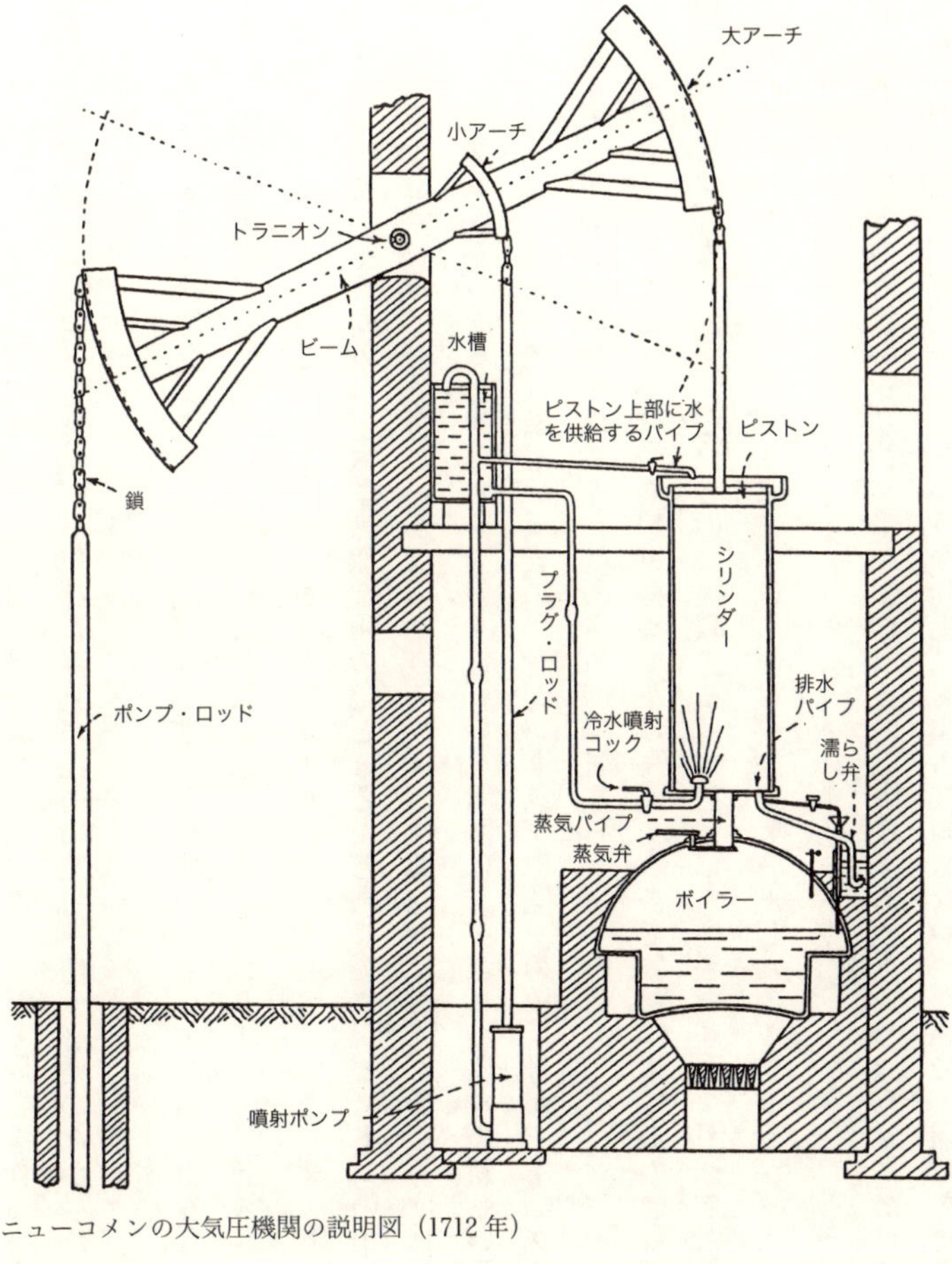

ニューコメンの大気圧機関の説明図（1712 年）

セイヴァリのところで触れたように、当時は高い圧力に耐えられる容器を作る技術は知られていなかったので、ニューコメン機関が大気圧より高い圧力の蒸気を使う必要がなかったことは、成功の大きな鍵でした。

しかし、よく見ますと、この新しい機関は従来知られていた部品・機構を組み合わせたにすぎないという面白い事実に気づくでしょう。ピストンとシリンダーはゲーリケらが空気ポンプで使っていましたし、水をくみ上げるポンプ自体は古くから金属鉱山で使用されており、よく知られていました。ボイラーとその据えつけは、大型の醸造用の釜とほとんど同じです。ピストンの上に水を張ってパッキングの役をさせる工夫は新しいとはいえ、それほど独創的ではありません。けれども、シリンダーの中で蒸気を凝縮させるために水を噴射するという考案は、それまでにない新しい重要な発明でした。一七一二年にこの画期的な新しい「火のエンジン＝蒸気機関」の第一号が、イングランドのスタッフォードシアのダッドレー城近くに建設されています。

ニューコメンが大気圧機関の構想を持ってから完成するまでに一〇年以上の歳月を要したという記録があります。まったく新しいものに挑戦する者の常として、さまざまな困難を克服していかなければならなかったことは想像できます。はじめは模型でテストしたのでしょうが、当時、得られるシリンダーはポンプ用の直径七インチ（一八センチメートル）が最大でしたから、ニューコメン機関に必要な数フィートの直径のシリンダーを製作するのも困難であったでしょう。またピストンをそれとぴったり合わせて、真空を保てるような仕上げをする技術もなかったので、漏れを防ぐパッキングとの

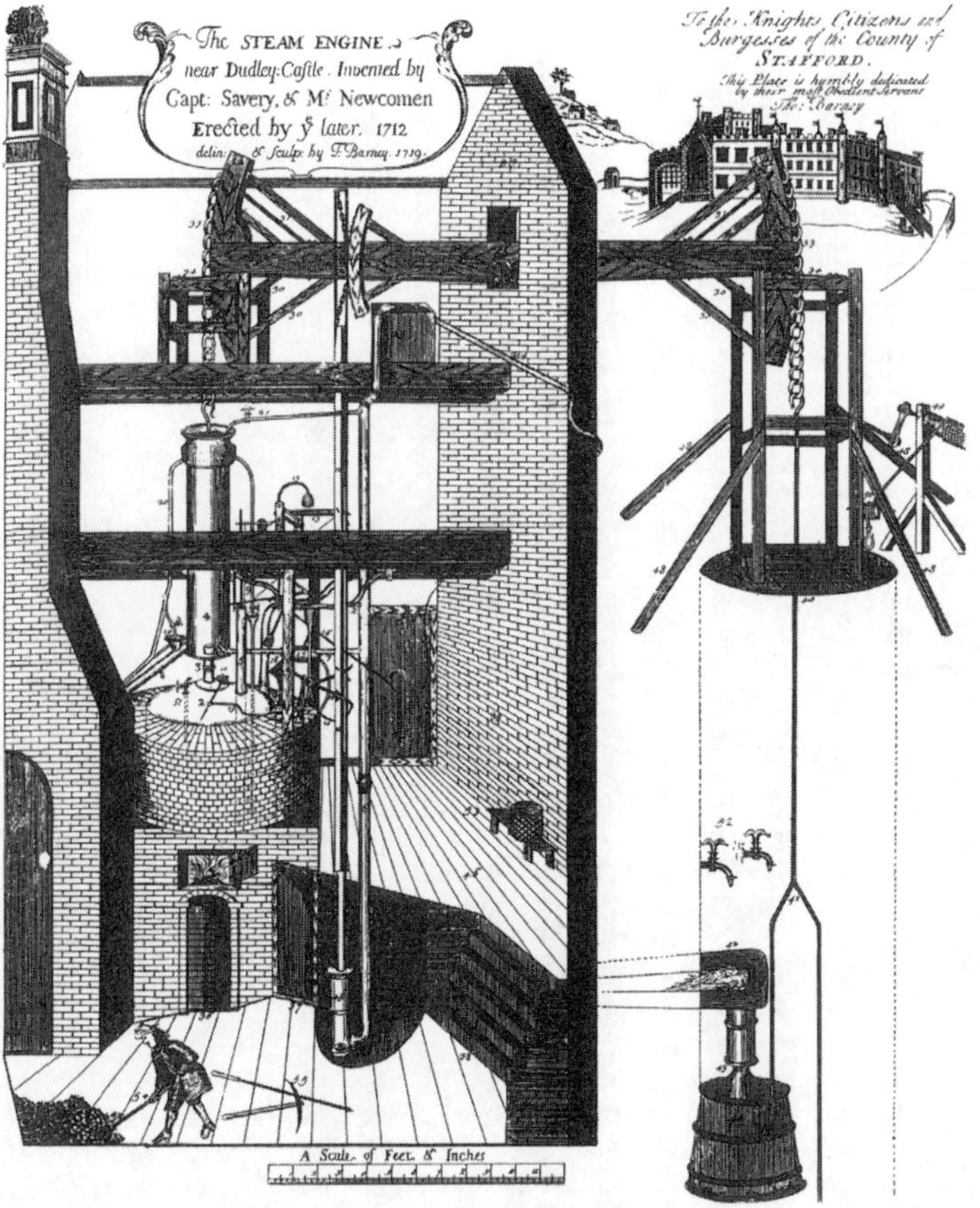

スタッツフォードシアのダッドレー城近くに建設されたニューコメンの大気圧機関（1712 年）

摩擦がスムーズな運転の大きな障害となったに違いありません。ニューコメンはピストンの縁に革のベルトを取りつけ、その上に水を張って漏れを止めるという方法でこの難問を解決したのです。

蒸気を導入する弁と凝縮水を噴射するためのコックは、両方とも正しい時期に開閉が行なわれなければなりません。はじめは手動で行なわれていたことはまちがいありませんが、いつまでもそうしておくことはできません。ニューコメンはすぐにビーム自体の動きで弁の開閉を行なう方法を工夫しました。これは、機械自体の動きでみずからを制御する機構、すなわち自動制御の原型ともいうべき発明で、彼の発明した工夫の中で最も独創的であり、後世に大きな影響を及ぼしたものです。

ようやく実際に運転する模型までいきついた時、ニューコメンは大きな失望を味わったに相違ありません。しばらくの間、機関はうまく動きますが、やがてだんだん遅くなり、ついには止まってしまいます。これは、水の中に溶解していた空気が水の沸騰時に蒸気とともにでてきて凝縮されず、だんだんシリンダの中にたまっていき、ついにはウインド・ロッキングと呼ばれる運転不能の状態になってしまうためです。この不可解な現象の原因にニューコメンがすぐに気づいたとは思えません。おそらく何度も何度も試行を繰り返した後、蒸気を各行程の終わりにシリンダーを通して流し、空気を一緒に運び去るという方法を見いだしたのでしょう。彼は排水パイプの先に漏らし弁を取りつけ、各行程の終わりに空気が気泡となって出て行くのを見ることで、空気の残っていないことを確認したのです。この他にも弁の作りとか、ポンプの構造とかさまざまな困難を乗り越えた後に自動運転のニューコメン機関が完成し、以後、数十年間、実用機として稼働しましたが、その間、運転について大きな

オックスクローズ炭鉱の揚水用の大気圧機関(1717年)

トラブルがあったという記録は残っておりません。

ニューコメン機関は、今でいえば熱効率が初期型で〇・五パーセント、後の改良型でも一・五パーセント程度のけっして効率がいいとはいえない「蒸気食い」のエンジンでしたが、炭鉱には粒が小さくて売り物にならないけれども、ボイラーに使うには問題のない石炭が大量にありましたので、炭鉱での排水に使われる場合には燃料の消費量は、あまり問題にならなかったようです。

一七一二年以降の六〇年の間、大気圧機関は、鉱山の排水や都市への給水のただ一つの有効な手段でありました。この時代は、イギリスで産業がいちじるしい技術的発展をとげた時期であり、蒸気機関はほとんどの産業が必要としていた石炭の廉価な供給に重要な役割を果たしていたのです。著名な炭鉱技術者であったウイリアム・ブラウンの著書によれば、一七六九年にイングランド北部には蒸気機関が九九台あり、五七台が稼働していて、そのうち最大のシリンダーの直径は七五インチ（一・九メートル）であったといいます。コーンウォールのような金属鉱山地帯では石炭を購入しなければならないので、燃料費は大きな項目でありましたが、それでも馬を使って排水するのに比べれば、経費が三分の一と少ないこともあって、一七七八年までに六〇台が建設されています。

石炭の供給に大きな役割を果たした大気圧機関も、一八世紀の五〇年代から七〇年代の頃にはもはや限界に近づいて、産業界は次なる大きな躍進に向かおうとしていました。ジェームズ・ワットによる改良型の蒸気機関に象徴されるこの躍進の時期は、後に産業革命といわれ、今日に繋がる工業化の時代の始まりでもあります。

蒸気機関

石炭の生産量の飛躍的な増加に貢献し、永年にわたって平穏な道をたどってきた大気圧機関の歴史を変える運命的な発明がなされたのは、一七六五年のことであります。この発明によって鉱山の排水のための動力であった蒸気機関が、あらゆる産業の原動力として生まれ変わったのです。この発明とは、蒸気を凝縮させる部分をシリンダから切り離し、分離した凝縮器で行なうもので、これによって従来、シリンダを交互に熱したり、冷却したりするたびに失っていた熱の大半が保存され、燃料のほぼ七五パーセントの節約が可能になりました。

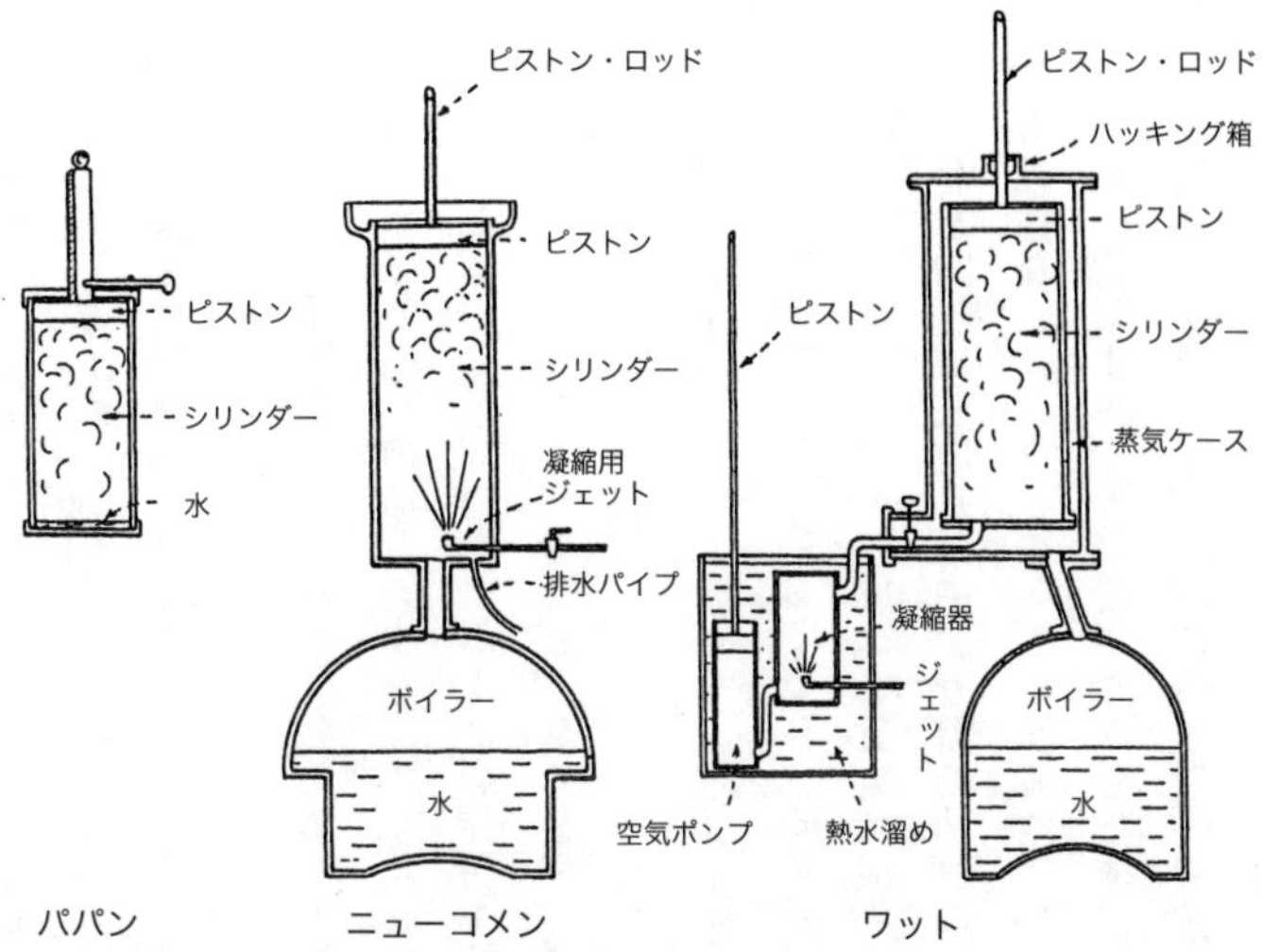

蒸気機関における機能分化の進展

発明したのは、当時、無名の数学機械製作者でしかなかったグラスゴーのジェームズ・ワットです。ワットは後にいくつかの発明をしていますが、すべてこの凝縮器に根ざしています。蒸気機関の再生といっていい新しい時代がここに始まったのです。蒸気機関の発明はすべてワットの功績であるとよくいわれますが、ワットの発明は凝縮器が主であって、蒸気機関の基本的な構成は大気圧機関にあります。しかし、凝縮器が蒸気機関の性能に与えた影響の大きさを考えると、やかんの蓋が蒸気で持ち上げられるのを見てワットが蒸気機関を発明したという俗説の誤りも許されるかもしれません。

ここでパパンからワットまでの蒸気機関の機能の違いを作動部分に注目して振り返っておきましょう。まずパパンは、シリンダーとピストンを用い、シリンダーの中で水を沸騰させ、同じシリンダー中で蒸気をゆっくり凝縮させました。次にニューコメンは、蒸気をシリンダーと分離したボイラーの中で発生させましたが、蒸気の凝縮はシリンダーの中で急速に行ないました。最後にワットはニューコメンと同じく蒸気をボイラーの中で発生させましたが、蒸気の凝縮は完全に分離した凝縮器の中で急速に行ないました。この機能の分化には、なにか生物の進化を思わせるところがあります。

一七六五年に凝縮器の着想をえたワットは、実用化に向けて実験を重ね、この発明の特許「火力機関の蒸気と燃料の消費を少なくする新しい手段」を一七六九年に獲得しています。やがてワットは、バーミンガム近郊のソーホーに製作所を持ち、中部地域の産業界の指導的立場にあったマシュー・ボールトンの知遇を得ることとなります。そしてボールトンとワットの有名な提携が一七七五年に始まります。

最初に作ったのは、ブルームフィールド炭鉱のためのシリンダー直径五〇インチ（一・二七メートル）の機関です。幸いなことに、この蒸気機関はうまく作動し、燃料の消費は大気圧機関のほぼ四分の一でした。ワットの成功を支えた最大の幸運は、有名な鉄鋼業者であるジョン・ウイルキンソンが一七七四年に完成した中ぐり盤の精度のよさにありました。この中ぐり盤を用いれば、蒸気機関で最も重要なシリンダーの内面を正確な円形に切削できるばかりでなく、シリンダー全長を通じて真の円筒形に切削することができたからです。この時、ワットが同時に作ったウイルキンソンの製鉄所の送風用の蒸気機関が、炭鉱の揚水以外に蒸気機関が使われた最初であり、コークス炉の普及に大きな役割を果たしたことはすでに述べたとおりです。

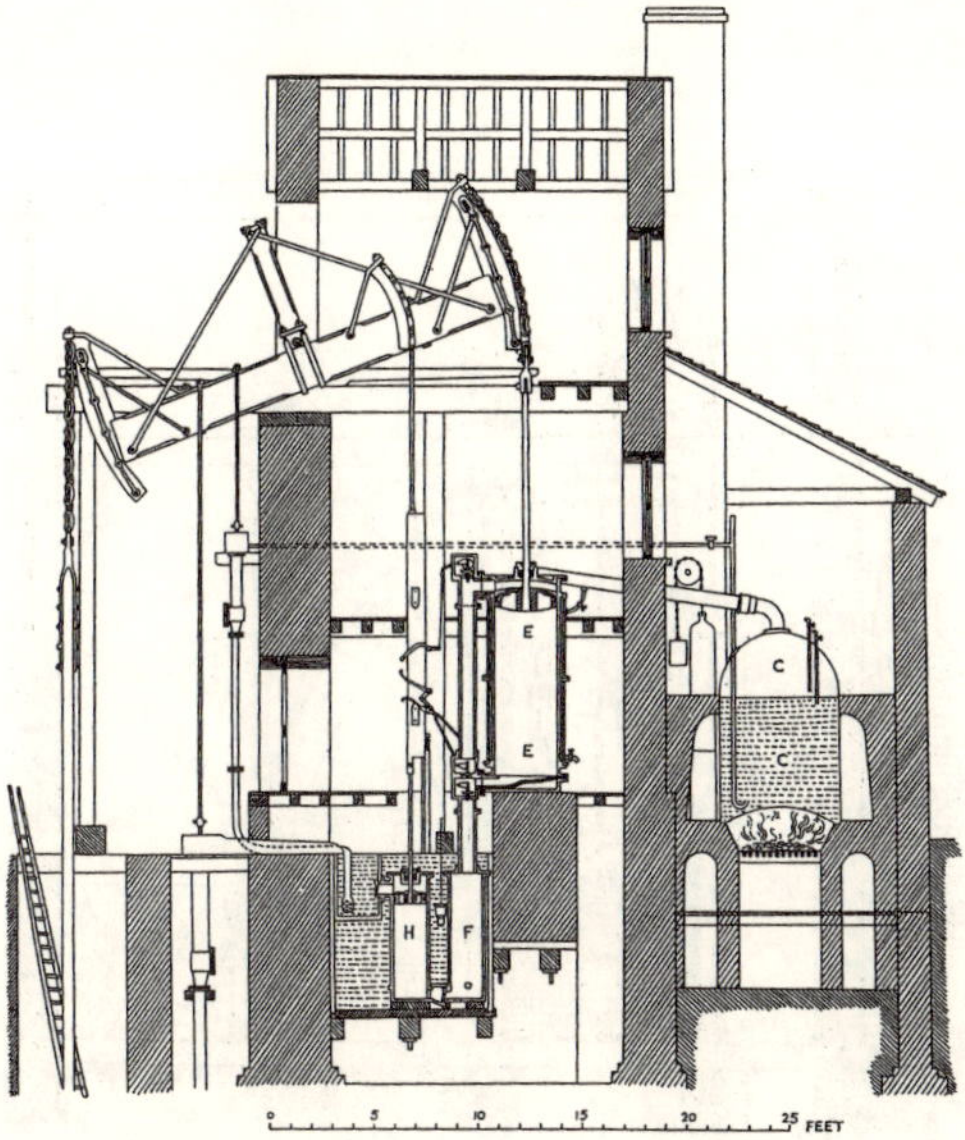

ワットの揚水用単動式
蒸気機関（1788年）

ワットとボールトンはこれらの蒸気機関の特許使用料を、今までの蒸気機関の燃料費に比べ、この蒸気機関を使うことによって節約できた燃料費の三分の一と定めています。この使用料は当然のことながら石炭の高価な地区では大きくなりますから、運用地域としては金属鉱山地帯のコーンウォールが主でした。ワットは今ある蒸気機関の性能と自分の蒸気機関の性能を綿密にテストしてその関係を明らかにし、大気圧機関のピストン有効圧力は一平方インチ（六・五平方センチメートル）あたり七ポンド（約二分の一気圧）で、自分の蒸気機関の有効圧力は一〇・五ポンドであると結論を下しています。

ワットの蒸気機関も、はじめはニューコメン機関と同じビーム式の往復動でした。しかし、それまで水車の動力に頼っていた紡織業界などから回転運動の蒸気機関を要求する声が強くなります。ピストンの往復動を回転運動に変えるには、ポンプなどの機

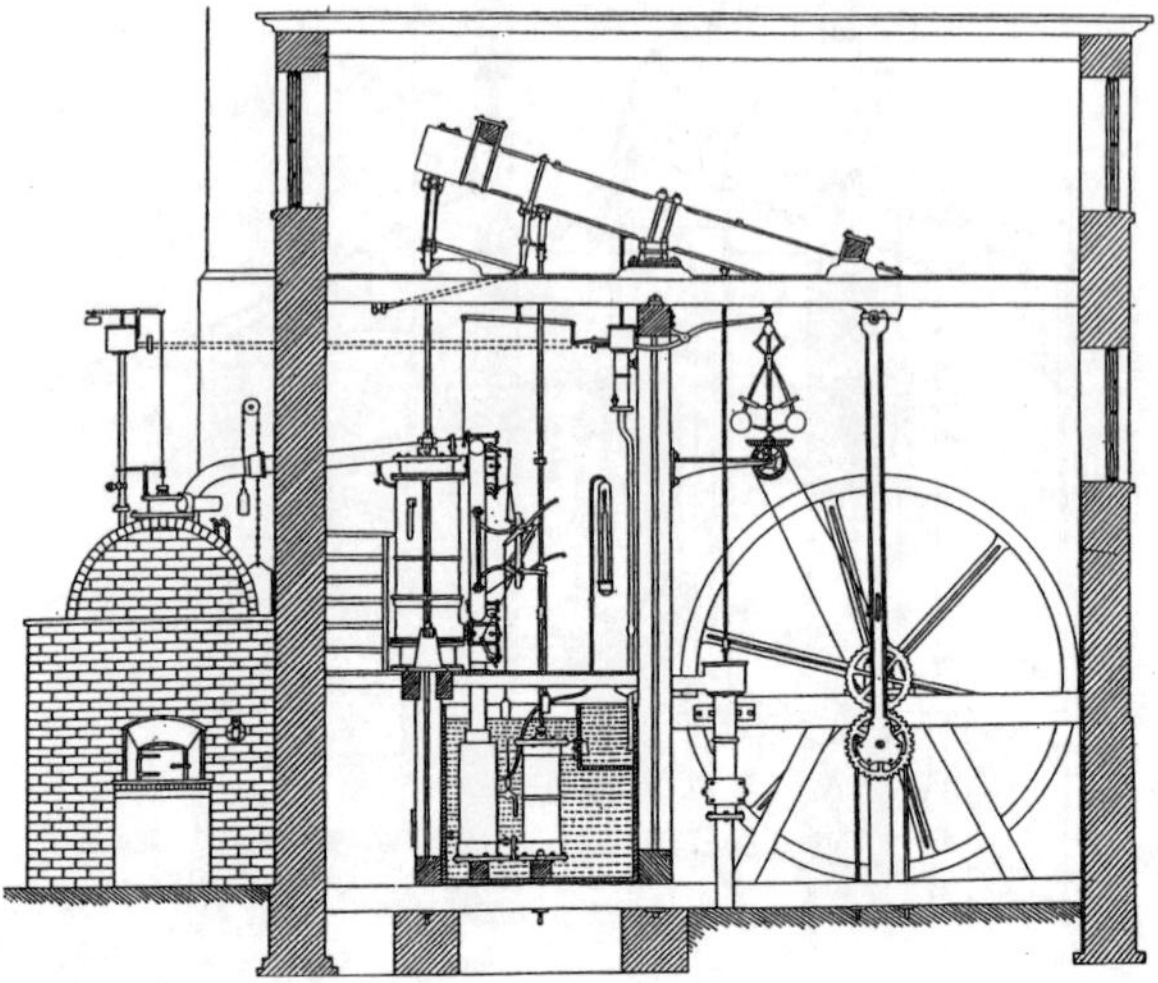

ワットの複動式回転蒸気機関（1784年）

構で古くから知られていたクランク軸とコネクティング・ロッドを使えば簡単でしたが、特許をジェームス・ピカードが一七八〇年に取っていたため、ワットはこの機構を避けて、一七八一年に遊星歯車を使って回転運動する機構を考案し、回転式の蒸気機関を作ることに成功しました。この機構は、一七九四年にピカードの特許が切れた後にも使われています。

一七八二年にワットは重要な二つの特許を取っています。第一は、蒸気をピストンの上にも送って、ピストンが上がる時も動力が出るようにして、同じシリンダーで二倍の動力が得られる複動式機関です。第二は、大気圧より高い圧力の蒸気を各ストロークの初期にだけ送り込み、その後は蒸気の膨張力を利用してピストンを駆動するというものです。大気圧機関も当時のワット機関も利用していた圧力は、最大でも大気圧から真空までの一気圧分です。たとえば五気圧の蒸気を用いて一気圧まで膨張させれば、五倍の出力が得られる勘定になります。ワットは一七八二年の特許でそのことを示したのです。しかし、ワットの時代にはこの方法に必要な十分に高い圧力に耐えられるボイラーを製造することができなかったために実用化せず、この方法は計算上だけに終わりました。

回転式機関では使用料として燃料の節約分を勘定できないので、ワットとボールトンは一七八三年に馬力の概念を導入し、一馬力は一分間に三三〇〇〇ポンドを一フィート（三〇センチメートル）持ち上げる動力と定義して、馬力当たりの使用料を定めました。この動力単位は今でも生きている七四六W（ワット）にあたります。ワットは四馬力から三〇馬力と三六馬力から一〇〇馬力の二つのシリーズの蒸気機関を作りましたが、二〇馬力の蒸気機関が一番多く作られています。当時は蒸気機関の出力を測定する手立てがなかったので、ワットは最良の蒸気機関（一七九二年製で熱効率四・五パーセント）の出力を基準にして、シリンダーの直径で馬力をあらわしています。したがって、同じシリンダー径の蒸気機関は同じ馬力とされます。このシリンダー径に基づくワットの名目馬力（nominal horsepower）は、その後に開発された性能のいい蒸気機関にも用いられていますが、ランキンによると一八五〇年には実際の出力である指示馬力（indicated horsepower）との差は一・五倍から五倍にもなっていたそうです。

ワットの復水器の特許が切れる一八〇〇年までに作られたワットの蒸気機関の総出力は一万二七五〇馬力に達したと推定されています。ニューコメン機関を加えてもその二倍程度であったといいますから、現在の発電所で使われている蒸気タービン一基の出力がその一〇倍以上であることを考えると、この数字がいかに些細であったかがわかります。それでも蒸気機関が一八世紀以降のイギリスの繁栄に大きな貢献を果たしたことは、当時のエネルギー源であったイギリスの石炭の生産量が、一七〇〇年には年間三〇〇万トンであったのに対して、蒸気機関の導入によって一八〇〇年には年間六〇〇〇万トンとなり、蒸気機関が産業界に普及した一八五〇年には六〇〇〇万トンに達している事実を見れば明らかです。

蒸気タービン

これまで述べてきたのは蒸気の圧力を利用して動力を得る機関でしたが、蒸気の利用にはもう一つ方法があります。それは蒸気の運動エネルギーを利用する方法です。面白いことに、この問題を調べて見ると、蒸気の運動エネルギーの利用は、圧力の利用よりもずっと早くから行なわれていたようです。しかし、考えついては終わり、また始めから考えるというように、継続した知識として伝わることはありませんでした。

紀元後まもなくアレクサンドリアに住んでいたヘロンは、空気の膨張で神殿の扉を開けたり、火の作用で祭壇上に葡萄酒を注いだりするような熱を利用して種々の運動を起こす装置について述べています。その一つに、中空のボールの両端を軸で支え、その一方を通して下方にあるボイラーから蒸気

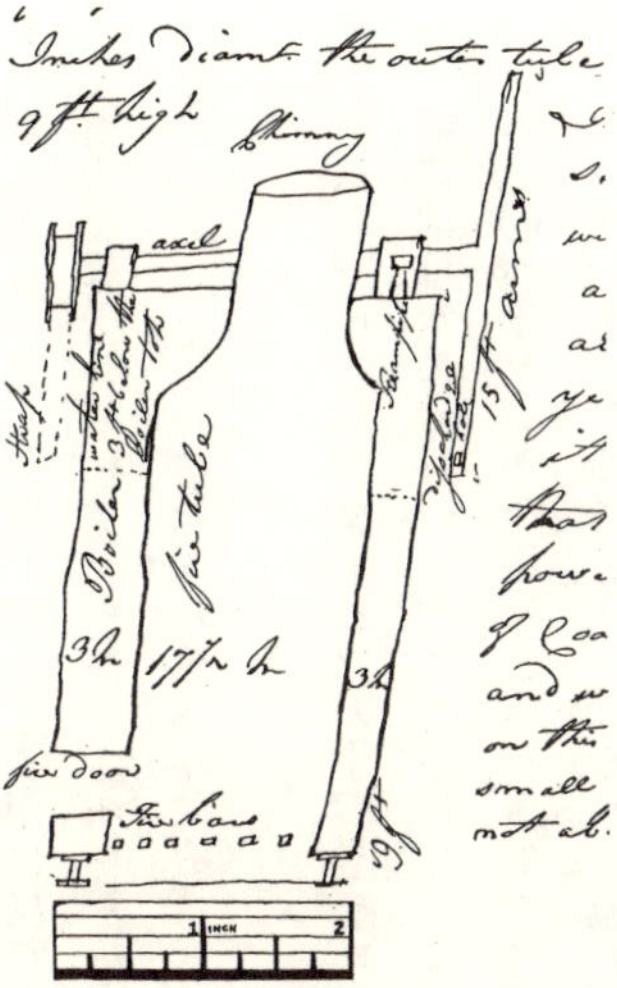

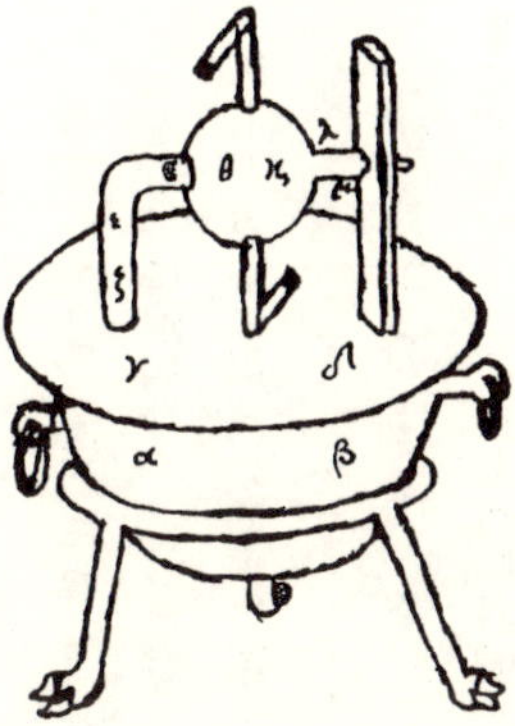

ヘロンの蒸気タービン
(16 世紀の写本)

トレヴィシックの旋回機関（1815 年）

を導きいれる装置があります。中空のボールには蒸気を噴き出す曲がり管が取りつけてあり、噴き出す蒸気の反動で回転します。これが蒸気の運動エネルギーの利用の最も古い記録であり、この装置の原理はいまでいう反動タービンの原理です。

その後何世紀もの間に、この玩具から実用的な機械を作ろうとする試みが数多くなされています。その一つに、ジェームズ・ワットをおびやかした発明があります。それは、ハンガリーのヴォルフガングが一七八四年に特許を取ったもので、一気圧の蒸気を大気中に噴出させる機関でした。しかし、この機関は実現しませんでした。一八一五年に高圧蒸気機関の発明者トレヴィシックも、軸に取りつけた四・五メートルのパイプの両端のノズルから七気圧ほどの蒸気を噴き出して回転する旋回機関を作りましたが、毎秒二七〇〇フィート（八二三メートル）で噴出する蒸気の速度に比べ、回転速度が毎分三〇〇回転と遅すぎるため、効率が悪く、実用にはなりませんでした。

実用的な蒸気タービンの製作に成功したのはチャールズ・アルジャーノン・パーソンズ（一八五四－一九三一年）で、特許は一八八四年に取られています。これについて彼自身次のように述べています。

一八八四年に蒸気タービンの仕事を始めた時、圧力差が小さければオリフィスを通る蒸気の流れの法則は水の流れの法則に対応していることがわかり、水力タービンの効率が七〇パーセントから八〇パーセントであるという事実を考慮した上で、蒸気タービンの設計の基礎として水力タービンを取り上げることが、進むべき最も安全な道であることがはっきり見えてきた。言い換えれば、私には次のように考えることが合理的であると思えた。すなわち、もし蒸気タービンの中における全体の圧力降下が多数の小さな段に分割され、そして水力タービンのような単位タービンを各段に置けば（それらは、それら各々に関する限り、事実上、非圧縮性流体中におけるように作動するであろう）、直列につないだそれぞれの独立したタービンは、水力タービンと同じような効率をもつに違いなく、したがってそれを総合した全タービンも高い効率を得ることになるであろうし、さらに最高の効率に達するために必要な回転速度もそれほど高くないであろう。

これはまさにすばらしい考えでした。これを実現するために、羽根車からなる一連のタービンを軸車に取りつけ、それを回転羽根と互い違いに入る内向きの羽根列を持つシリンダーの中に入れました。

パーソンズの最初の蒸気タービンと二極発電機（1884 年）

軸車とシリンダーの間を軸に平行に流れる蒸気は、まず最初のタービンに送られ、その排気が第二段に送られるというように次々に各段を通り、圧力は分割されて軸車の羽根列を駆動するのに使われます。タービン各段における圧力降下は小さく、速度も実用限界の範囲に収まります。蒸気の圧力が下がるにつれて体積は増加しますが、これに対応して羽根列のピッチと長さは排気側に向けて大きくされていました。軸端での推力を相殺するため、一方は右流れ、他方は左流れのタービンで一セットになっていて、ボイラーからの蒸気はそれらの中央から供給されます。往復動機関では回転速度が毎分数百回であるのに対して、タービンは毎分数千回にも達しますので、高速度にともなう機械的な諸問題がありましたが、遠心力、軸受とその潤滑、速度調整などの問題はすべて考慮され、対策がとられていました。これが、パーソンズの特許で示された構造です。

このタービンは当時新しく導入された毎分一二〇〇回転の発電機を直接駆動する機関として構想されたのですが、往復動機関には大きすぎる発電機の速度も、速度がその一〇倍もあるタービンには小さすぎました。この事実に気づいたパーソンズは新しい発電機を設計し、タービンと同時に特許を取っています。そしてすぐに自分の特許を応用した最初のタービン発電機を製作します。この機関は両方向流れで、蒸気はシリンダーの中央から入って両端から排出されるので、軸端の推力は打ち消されます。翼列は、軸車の軸にねじ止めされた砲金の環の縁にほぼ四五度の角度に溝を切って作られています。その環と互い違いにシリンダーの内側に固定された形で、同じような半環状の羽根があります。羽根の型は当時の工作技術の水準から決まってしまい、このような粗雑な型しかできませんでしたが、得られた結果がよかったのは驚くべきことです。このような型が一八九六年まで用いられていました。

一八九六年にパーソンズは、引き抜き金属片でつくった独立の羽根を考案します。彼の生涯の協力者であり、友人でもあったストーニー博士はこう語っています。パーソンズの一八九六年の特許に描かれている翼型とその間隔は、当時からかなり後まで用いられていた〇・五から〇・六の中程度の速度比のタービンに対しては、事実上完璧であることが証明されています。細部のわずかな修正を除いては、翼型もその間隔も今日まで実質的には変わっていません。一八九六年には現在の流体力学の知識が存在していなかったことを考えると、パーソンズの先見性はなおさら非凡なものでした、と。

パーソンズは船舶の推進用のタービンも造り、四四・五トンのタービニア号に搭載して一八九四年に試運転を行なっています。この時、スクリューは一軸でしたので、高速回転のためにスクリューに

タービニア号の輻流タービン（1894年）

タービニア号（1897年）

キャビテーションを生じて性能が発揮できず、一九・七五ノット（三六・六キロメートル）の速度しか出ませんでした。一八九六年にタービンを三軸にし、三つの小型スクリューを駆動するように改造されたタービニア号は、翌年の試験運転で三四・五ノット（六三・九キロメートル）という当時としては驚異的な速度を記録しました。

現在、私たちの生活を支えている電力を供給する発電所の九〇パーセントは、パーソンズの考案したのと同じ原理の反動式の一〇〇万キロワット級の蒸気タービンを使って電力を供給しているのです。

パーソンズのタービンは蒸気の反動力を利用するものでしたが、蒸気の衝動力を利用した蒸気タービンを開発したのは、パーソンズと同じ頃から蒸気タービンの実験にとりかかっていたカール・グスタフ・パトリック・ド・ラヴァル（一八四五―一九一三年）です。衝動タービンの原理は、固定したノズルから

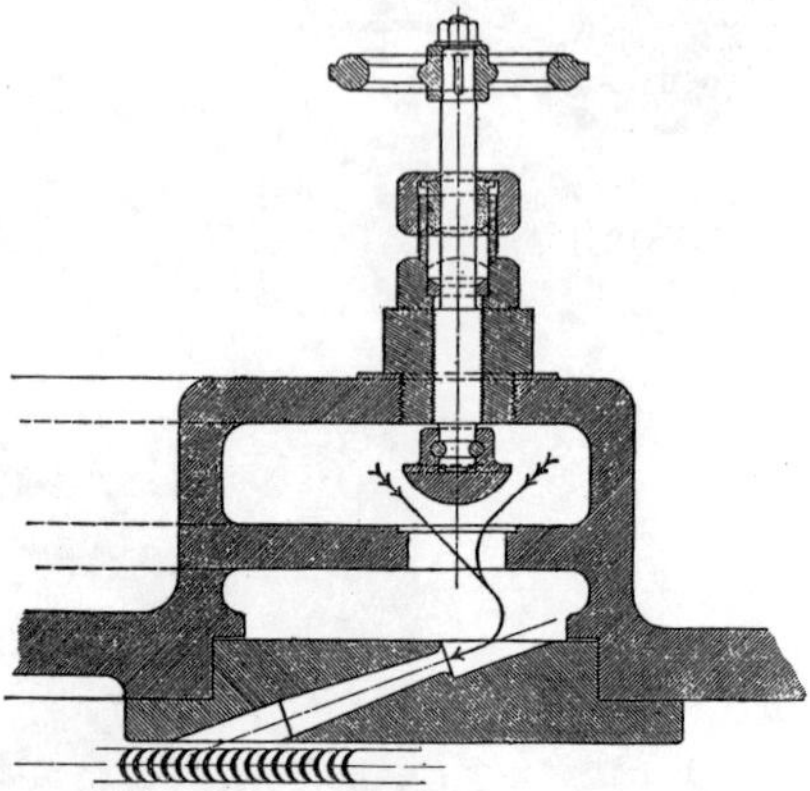

ド・ラヴァル・タービンの末広ノズル

出る水のジェットを回転円盤の周囲に固定した曲面状のバケットに当てて、高速で回転させるペルトン水車と同じです。ペルトン水車では排出される水の速度がゼロの時に最高の効率が得られますが、その時の水車のバケットの速度は水のジェットの半分でなければなりません。ノズルは円盤の全面に装備する必要はなく、一本で十分です。水を蒸気で置き換えてみると、蒸気は回転円盤に吹き付ける前に排出圧まで膨張していなければならないことを意味します。単純なノズルではいちばん細い出口での速度が音速より早くなりませんので、ノズルの出口と入口の絶対圧力の比は飽和蒸気で〇・五八、過熱蒸気で〇・五四を超えることができません。しかし、もっと高い圧力比を用いたいと考えたド・ラヴァルは、音速を超える出口の速度が得られ、もっと高い圧力比でも使える末広がりのノズルを考案しました。このノズルによって蒸気の圧力を完全に速度のエネルギーに変換でき、その結果、高い効率が得られました。

ただ、問題は蒸気の速度が水の速度よりずっと速いことです。たとえば、一三・六気圧から水銀柱二五ミリメートルの真空度（復水器の温度摂氏二七度程度）まで膨張する蒸気の速度は、理論上、毎秒一二九二メートルとなり、円盤の周速度はその半分以下の毎秒六〇〇メートル程度でなければなりません。このような高速で回転する円盤の回転を安定させるため、ド・ラヴァルはフレキシブルな軸を用いて円盤自身が自動的に回転中心を決める仕組みを採用しました。このタービンは速度が速いため、一〇分の一の減速歯車を備えており、三〇〇馬力程度の小出力に適していました。

蒸気タービンの作動原理の基本は、パーソンズの考えた蒸気の反動力を利用する方式とド・ラヴァルのとった衝動力を利用する方式の二つです。この二つを結びつけ、複合させることができるのはわかるでしょう。ド・ラヴァルのタービンを圧力複式とすることを考え、実行に移したのは、フランスのアウグスト・カミユ・エドモン・ラトー（一八六三―一九三〇年）です。彼はフランスで一八九六年から一八九八年にかけて特許を取りました。一八九八年に最初に製作されたタービンは、一九〇〇年のパリ万国博覧会に出品され、世間の注目を集めました。

ラトーのタービンは圧力複式衝動タービンで、多段型です。それぞれの段には、蒸気を膨張させて圧力降下の一部を受け持つ固定ノズル一組とそこで生じた運動のエネルギーを吸収する羽根車があります。蒸気はすべての段を順に通って復水器に流れます。このように各段ごとに蒸気を膨張させるため、それぞれの段で得られる速度はその段の圧力降下に対応するものだけになります。そのため各段

ラトーの複シリンダー減速歯車付きタービン交流発電機

の羽根車の周辺速度はそれに対応して遅くなり、タービンの回転速度を遅くすることができる上、複式化しなかった時に比べて効率も良くなります。部分給気では効率が悪いため、第一段では全周にノズルを配置して全面給気を行ない、羽根の長さとノズルの高さは、各段を通過するごとに蒸気が膨張するのに見合うように次第に大きくされています。したがって、排気側にいくにつれて車室の直径は大きくなります。全体の構造は羽根を持つ回転円盤を連続して水平の軸に取りつけたもので、これらの回転円盤と交互に、しかも水平軸にぴったりかぶさるようにノズルを持つ隔壁が固定されています。隔壁は水平軸直径部で分割され、シリンダーに固定されているので、タービンを開くことができます。

一九〇三年にラトーは工場を設立します。ラトー社の製作した標準的なタービンは出力八〇〇〇キロワットから一万二〇〇〇キロワットで、供給蒸気圧

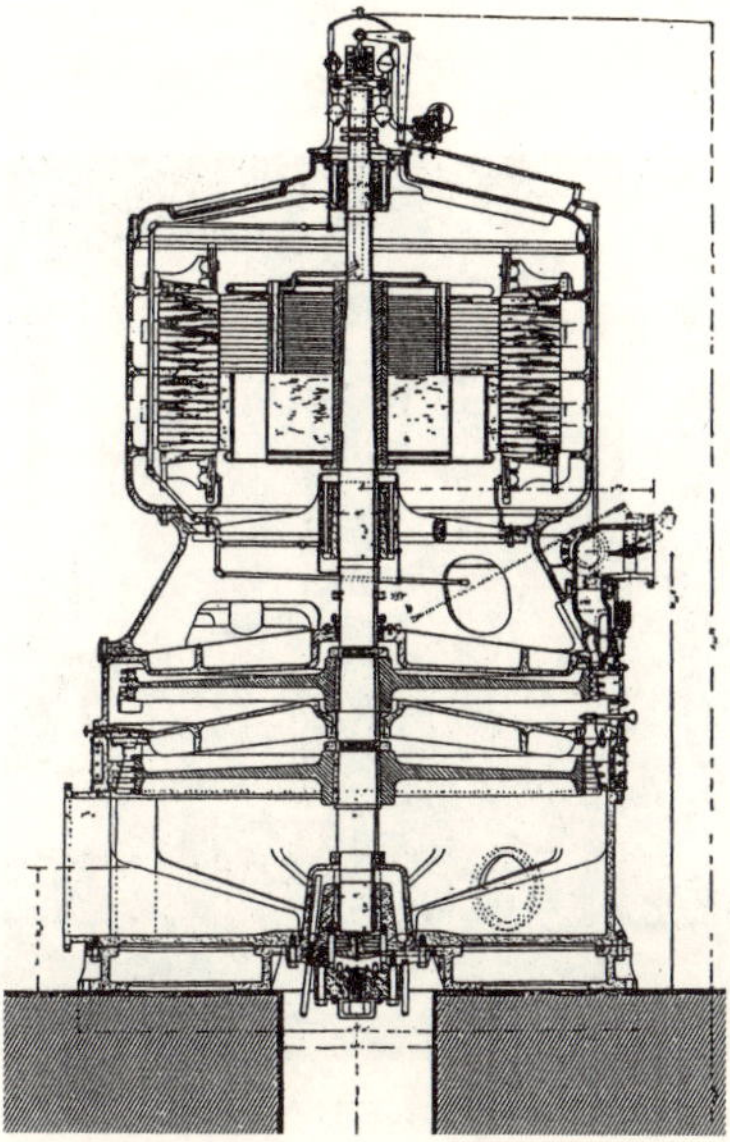

最初の5000キロワットのカーティス蒸気タービン（1903年）

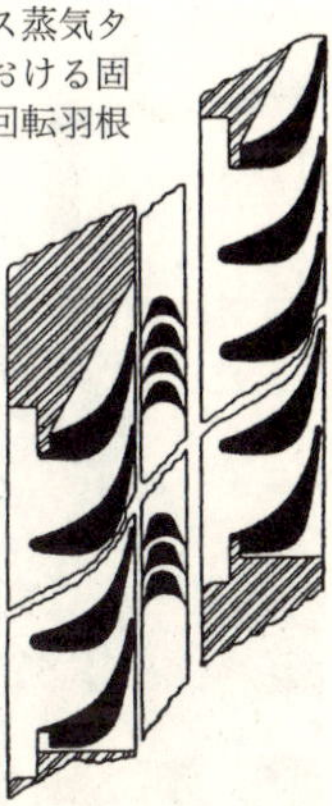

カーティス蒸気タービンにおける固定羽根と回転羽根

は二九気圧、全温度は摂氏四〇〇度、真空度は二五ミリメートルでした。高圧回転円盤は毎分七五〇〇回転し、毎分三〇〇〇回転の低圧回転円盤とハスバ歯車で接続されていました。

速度複式タービンをはじめて実用化したのは、アメリカのチャールズ・ゴードン・カーティス（一八六〇―一九五三年）です。ド・ラヴァル・タービンの欠点は、前に述べたように、羽根車の回転がきわめて高速であることです。最も低い回転数でも、毎分一万六〇〇〇回転より低くはなりません。この速度を低くするため、回転羽根車の段数を二段、三段と増やし、各段の間に案内羽根を置いて、流れの向きを逆転させて吹き付けると、回転羽根の各段が蒸気の速度の一部分ずつを分けもつようにすることができます。案内羽根の唯一の目的は、蒸気の方向を逆転させて次の回転羽根に吹き付けることです。すべての回転羽根は同じ軸に取りつけられていて、この

試運転中のユングストレーム複回転蒸気タービン（1910年）

方法によって速度を実用的な限界（周速毎秒一〇〇メートルから一五〇メートル）にまで下げることができます。

最初に製作されたのは、垂直軸が毎分五〇〇回転する五〇〇〇キロワットのタービンです。蒸気供給圧力は一〇・七気圧、乾燥飽和蒸気の温度は摂氏一九三度、排気の真空度は五〇ミリメートルでした。この方式にはいくつもの利点があるといわれていましたが、回転部分の全重量が一つの臼軸受に集中することや復水器を繋ぐのがむつかしいことなどの欠点によって利点が相殺されてしまうので、垂直軸のタービンは見捨てられ、その後、作られておらず、今では水平軸のタービンが標準になっています。

もう一つ、きわめて独創的な蒸気タービンは、スウェーデンのビルゲル・ユングストレーム（一八七二—一九四八年）の発明した複回転式蒸気タービンです。これは、いままでの固定羽根列を回転羽根と同じ回転数で反対方向に回転し、それぞれの羽根列で仕事をさせる革新的なタービンです。この構成の利点は、二倍の速度で回転する通常のタービンと同じ働きをすることです。言い換えれば、四分の一の段数で同じ効率が得られることです。回転軸を連動させることはできませんが、それらによって並列に駆動され、相互にバランスを取っている発電機を用いることによって、速度を一定に保つことができます。

この考えを実際に適用するためには、羽根列を互いに向き合った片持ちの円盤の上に配置しなければなりません。この特許は一九〇七年に取得されています。最初のタービンは一九一〇年に造られた五〇〇馬力のものです。回転数は毎分三〇〇〇回転で、熱力学的効率は六八パーセントでした。一九一二年には一〇〇〇キロワットのタービン発電機が製作され、試験の結果、七七パーセントの効率が得られています。

二〇世紀に入ってからの蒸気タービンの進歩はきわめて早く、一九〇〇年代の終わりには、一九〇〇年に比べて出力は一〇〇〇倍に、蒸気温度も摂氏二五〇度から過熱蒸気の摂氏五五〇度程度まで上昇し、圧力もそれにつれて一五気圧から一五〇気圧程度まで上昇しています。現在、発電所で用いられているのは、蒸気圧が二〇〇気圧程度、蒸気の温度が摂氏五五〇度以上、出力が一〇〇万キロワット級の蒸気タービンです。

高圧蒸気機関

一八〇〇年にワットの特許が切れると、蒸気機関は誰にでも自由に作れるようになります。蒸気機関についてさまざまな改良を試みたワットの影響は大きく、回転式ビーム機関は一九世紀半ばまで用いられていました。ワットの蒸気機関は、本質的には蒸気の凝縮による真空を利用する大気圧機関です。ワットは〇・二気圧程度より高い圧力は危険として採用しませんでした。当時の機械技術の水準から見て、この選択は妥当であったと考えられています。しかし、もっとコンパクトなもっと効率の良い蒸気機関を作るには高い圧力の蒸気を用いることが有効な手段です。このことを最初に試みたのは、イギリスのリチャード・トレヴィシック（一七七一–一八三三年）とアメリカのオリヴァー・エヴァンズ（一七五五–一八一九年）です。

トレヴィシックが一八〇〇年に最初に作った高圧複動機関は、ビームとコネクティング・ロッドを持つもので、コーンウォールの鉱山で巻き上げ用に使われていました。次に彼が試みたのは道路を走る蒸気車で、一八〇一年に実際に走らせましたが、道路の凹凸のために故障して失敗に終わりました。しかし、トレヴィシックと友人はこの成功に十分満足して、「蒸気機関——その構造の改良および車両を駆動するためにそれを応用すること」という高圧機関と蒸気車の両方にまたがる特許を一八〇二年にとっています。

トレヴィシックの高圧機関とボイラーの縦断面図（1819年）

1802年に特許をとったトレヴィシックの高圧機関とボイラー

同じ年、トレヴィシックはそれまでにないほぼ一〇気圧という高圧で作動する蒸気機関を作っています。鋳鉄製のボイラーは直径四フィート（一・二メートル）、シリンダーの直径は七インチ（一八センチメートル）でした。小さいにもかかわらず、この蒸気機関が大きな出力を出せることを目の当たりにした者はみな驚嘆したといいます。

トレヴィシックはコーンウォールに戻り、高圧機関の開発に従事します。一八〇四年に友人に宛てた手紙を読みますと、五〇台近い彼の蒸気機関が砂糖きびの圧縮、トウモロコシの製粉、揚水、石炭の巻き上げ、鉄の圧延などさまざまな用途に使われていたことがわかります。

しかし、ワットたちが心配していた高圧ボイラーの強度に問題がなかったわけではありません。一八〇三年に彼の蒸気機関のボイラーの一つが爆発する事故がおきます。事故の原因は、食事の間、安全弁

トレヴィシックの高圧機関とボイラー（1803年）

をしばっておいた作業員の無謀な行為にあったのですが、トレヴィシックはこの事故に対する対応策としてボイラーをフール・プルーフとすることにしました。彼は次のように書いています。「蒸気（安全）弁を二個取りつけ、その二つがともに働かなかった時には水銀が吹き飛ぶ蒸気圧計を取りつけようと思う」。そればかりでなく、トレヴィシックはボイラーの火室側に鉛のリベットを付け、水位が下がって、それが露出した時には、リベットが融けて蒸気を逃がして破壊にいたらないようにしました。これは安全融解弁の先駆といえます。

もっとも、当時は製鋼法が未熟で、設計も不完全であったので、高圧のボイラーには危険が伴っていました。事実、製鋼法の確立される一九世紀後半になってもイギリス、アメリカで年間一〇〇〇件を数える爆発事故があり、何千人という死傷者がでています。

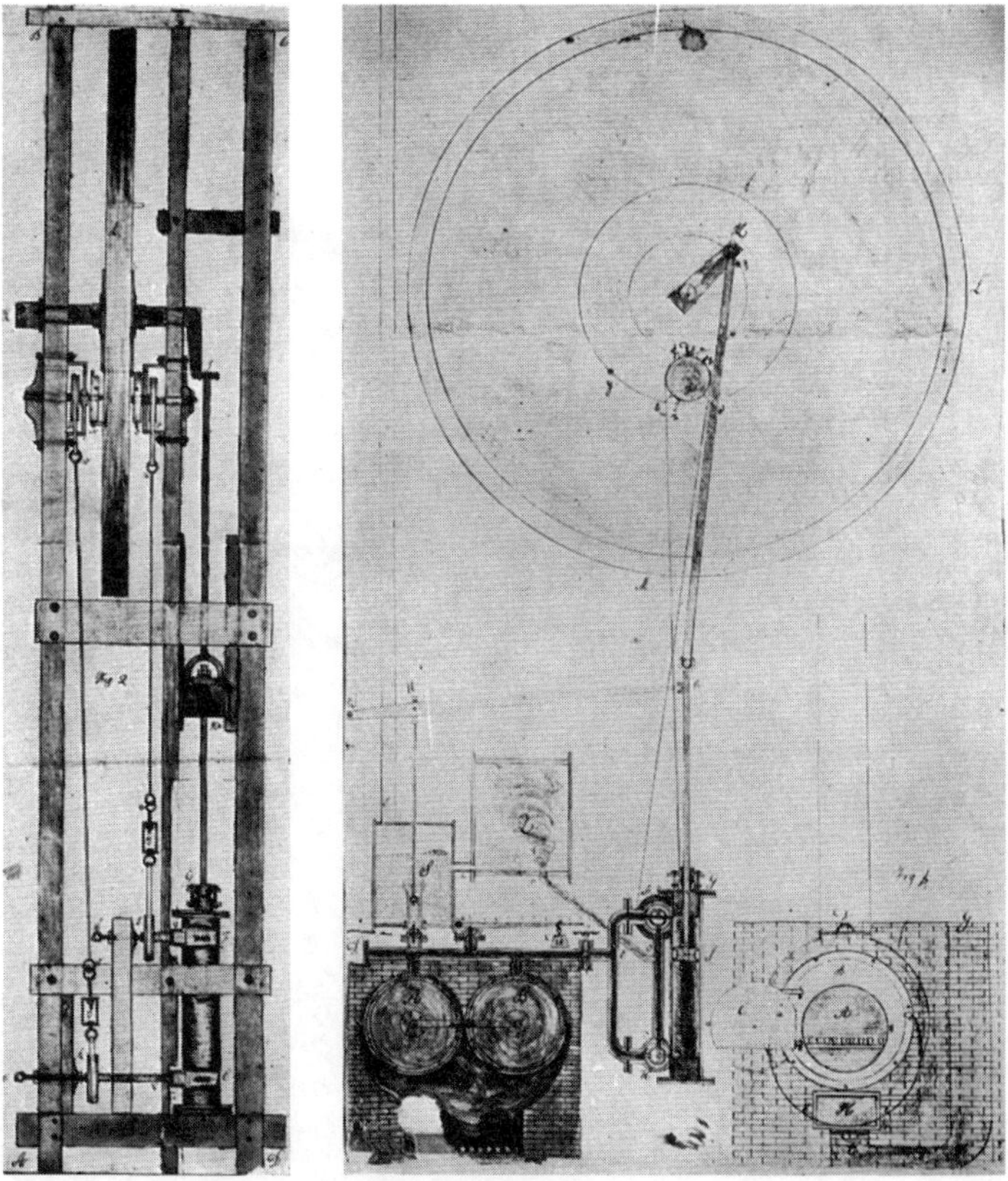

エヴァンズの高圧機関（1804 年）

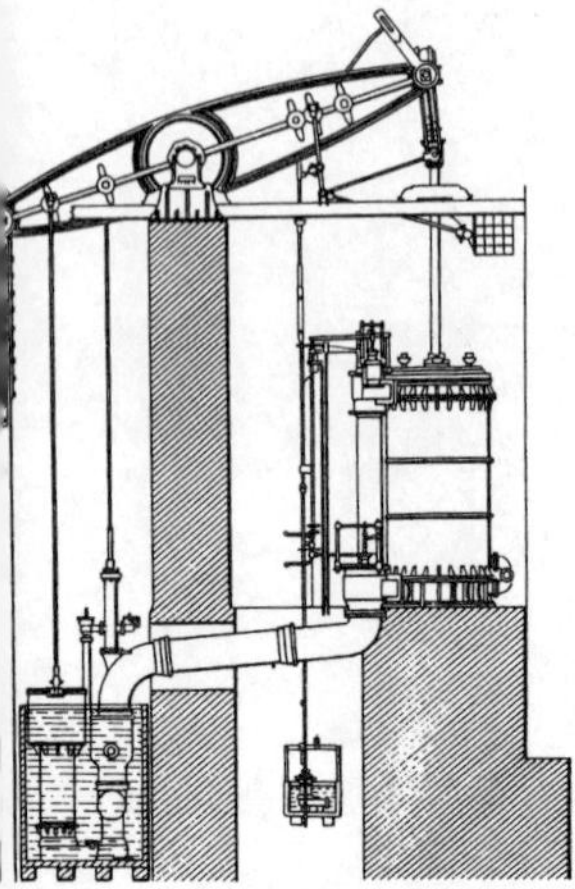
コーニッシュ機関（19世紀中期）

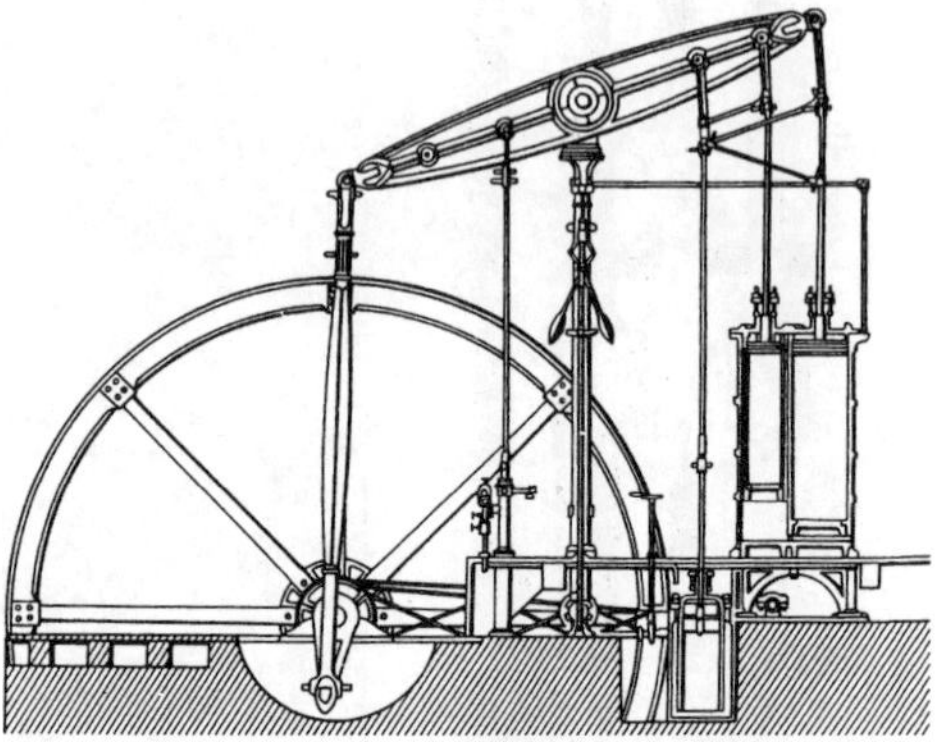
ウルフの複合機関（1815～20年）

これらの開発に従事する中でトレヴィシックはサウスウエールズに行き、数カ所の鉄工所の圧延機のために蒸気機関を設置し、その一つのペンダレン鉄工所では蒸気機関車を作って、一八〇四年に試運転を行なっています。

トレヴィシックと同じ頃、アメリカでオリヴァー・エヴァンズが高圧蒸気機関の実験をはじめていました。一八〇三年当時、アメリカにあった蒸気機関は六台を超えなかったといわれていますから、イギリスに比べ五〇年は遅れていました。一八〇四年に作られたエヴァンズの蒸気機関は直動式垂直機関で、複動式のシリンダーの直径は六インチ（一五センチメートル）、ストロークは八インチ（二〇センチメートル）、回転数は毎分三〇でした。一八〇五年に彼は圧力一平方インチ（六・五平方センチメートル）当たり一二〇ポンド（約八気圧）の蒸気を用いるよう提案しています。この機関は成功をおさめ、フィラ

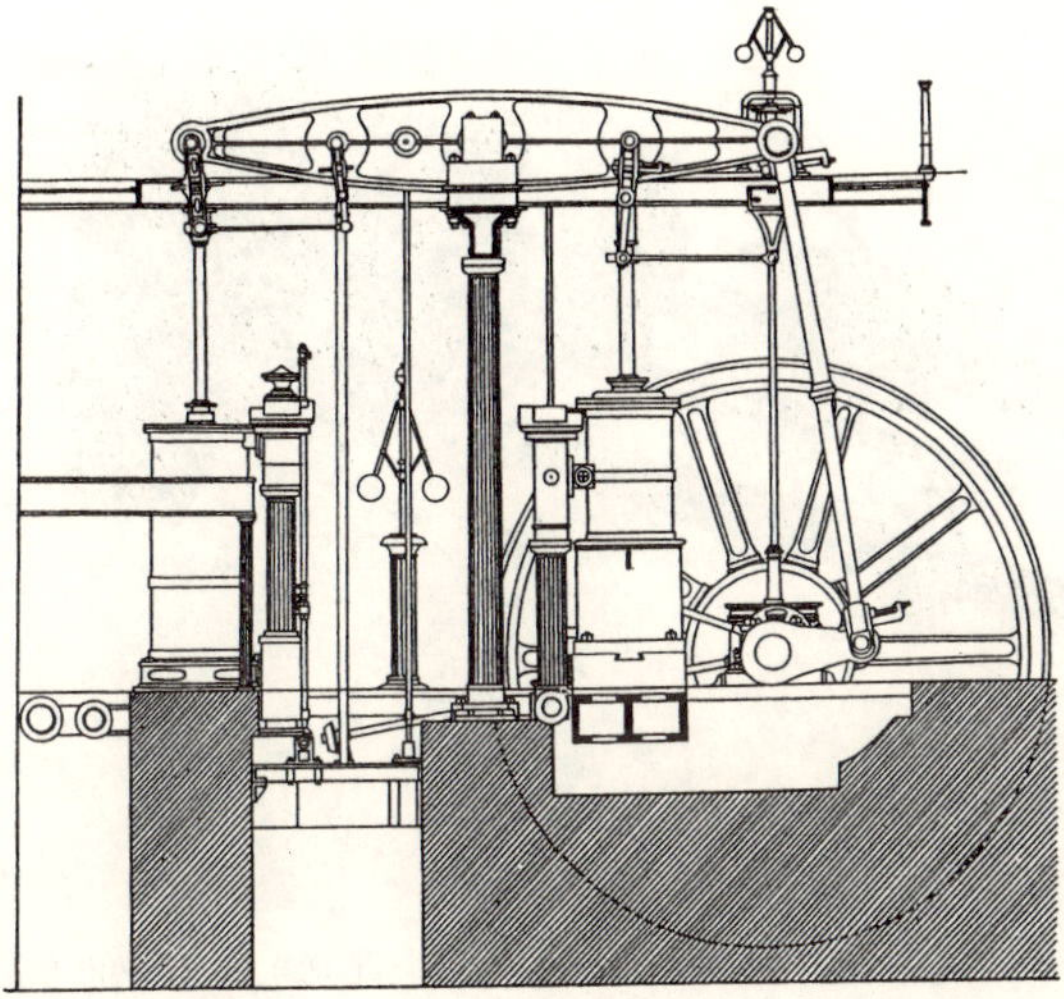

マクノートの60馬力複合機関（1878年）

デルフィアで一二時間かけて一〇〇フィート（三〇・五メートル）の大理石を挽ききったそうです。エヴァンズの事業は生涯報われることはありませんでしたが、イギリスでまだワットの機関が君臨していた当時、イギリスより数十年は技術的に遅れていたといわれるアメリカで高圧蒸気機関が盛んに用いられるようになっていたのを見ると、その影響の大きさをうかがうことができます。

高圧の蒸気を利用するもう一つの方法は、ワット型機関に高圧で作動するシリンダーをビームの中央に付け加え、そのシリンダーで膨張して大気圧近くなった蒸気をワット型シリンダーに導入するものです。この形式の蒸気機関は、複合機関（コンパウンド・エンジン）あるいは二段膨張機関と呼ばれ、また発明者アーサー・ウルフ（一七六六―一八三七年）の名を取ってウルフ機関ともいいます。一八〇三年に特許をとったウルフの機関は、ワットの機関に比

モーズレイのねじ切り旋盤（1800 年）

べてほぼ二倍の効率にもかかわらず、本国のイギリスではあまり普及せず、むしろフランスで多く使われています。

一八一二年にコーンウォールでトレヴィシックは、ワット型ビーム機関に高圧蒸気を導入する工夫を加えたコーニッシュ機関といわれるポンプ駆動用の機関を製作しました。これは蒸気のサイクルからいえば本質的にはワットの機関ですが、三気圧から五気圧の高圧の蒸気を用い、蒸気の締め切りをストロークの九分の一と早くして、蒸気の膨張を利用します。一八四四年にはコーニッシュ機関の効率は、一八一一年のワットの機関に比べほぼ五倍であったといいます。

一九世紀後半にはこのほかさまざまな工夫を凝らした高圧機関が作られています。その背景としては、一七八四年にヘンリー・コルト（一七四〇－一八〇〇年）の開発した銑鉄《せんてつ》から錬鉄《れんてつ》を作るパドル法

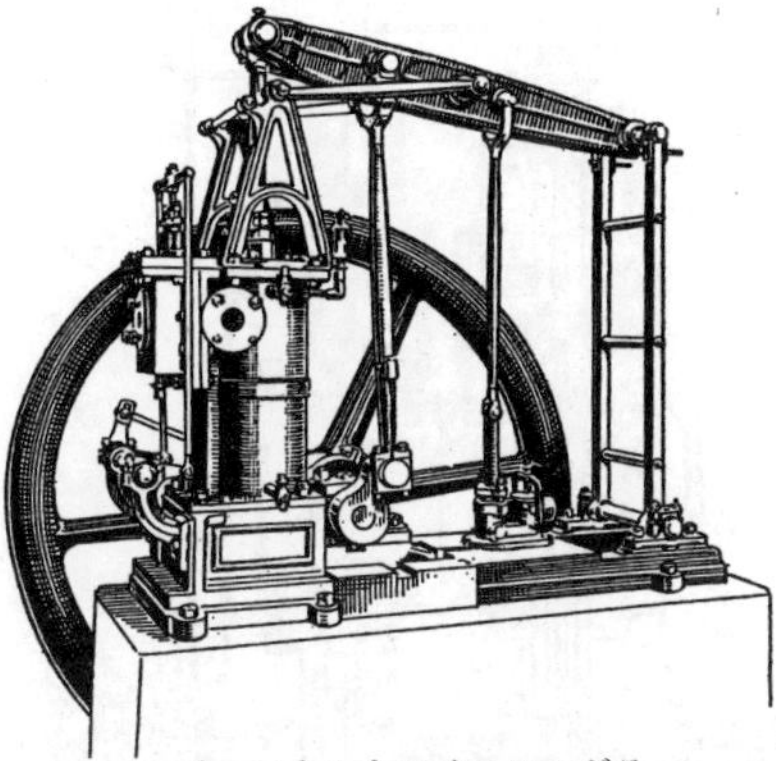

イーストンとエイモスのグラスホッパー機関（1862 年）

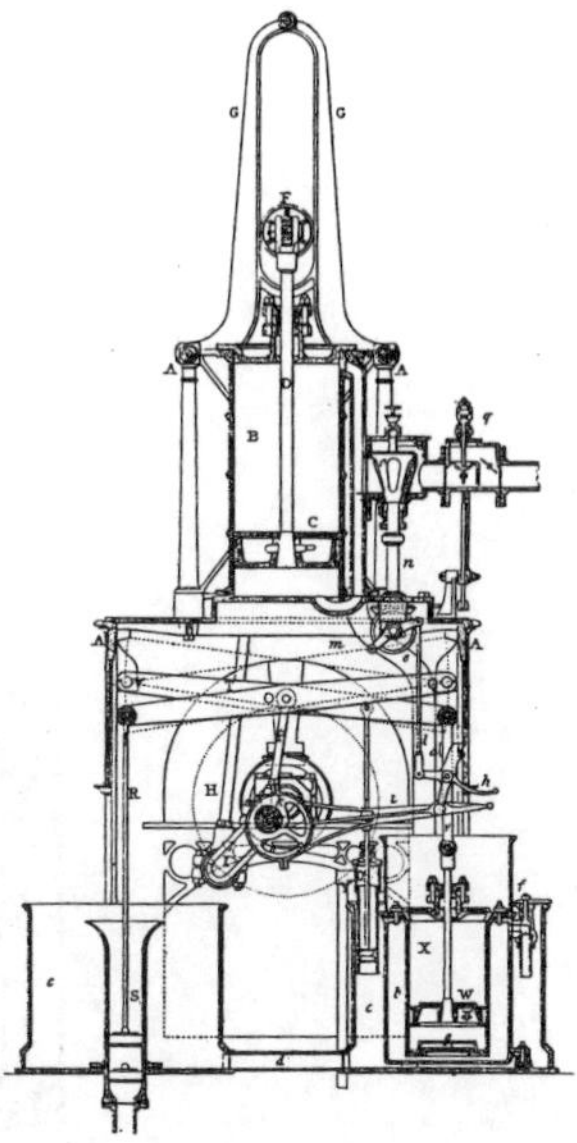

モーズレイのテーブル機関の断面図（1807 年）

が一九世紀に入って普及し、良質の鋳鉄《ちゅうてつ》や錬鉄が供給されるようになったことに加えて、機械工作技術の面で次の大きな進歩があったことがあげられます。ヘンリー・モーズレイ（一七七一―一八三一年）が、精密なねじを切ることのできる工具送り台付のねじ切り旋盤を発明し、精密な工作機械の製作に必要不可欠な基準平面として定盤を製作して、一八〇〇年に改良型ねじ切り旋盤の製作に成功し、また工作機械はそれ自身の持つ精密さしか再生産できないことを認識したジョゼフ・ホイットワース（一八〇三―八七年）が、一八四一年にねじ山の規格を定め、一八五六年には精密機械工業への転機となる測定機械を製作しました。

ヘンリー・モーズレイは、垂直シリンダーを小さな鋳鉄製の台の中心に据えたテーブル機関とよばれる蒸気機関を作り、一八〇七年に特許をとっています。彼の機関は、コンパクトさが要求される小規模

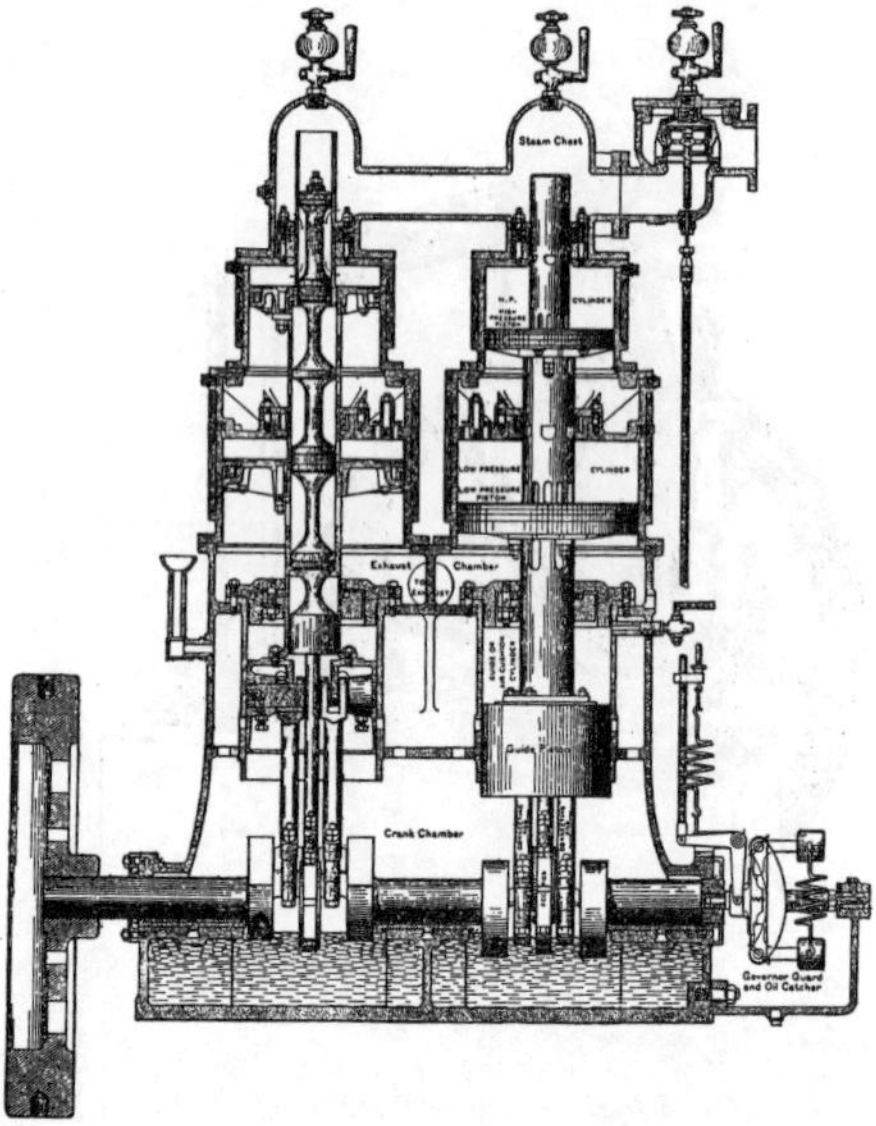

ウイランスの中心軸弁高速エンジン（1884年）

な工場で少なくとも四〇年間は用いられていました。

一八三〇年当時の蒸気機関の利用状況はこうです。大規模の工場や製作所では蒸気圧が〇・一〜〇・二気圧のワットのビーム機関が用いられ、小規模の工場ではモーズレイのテーブル機関やフリーマントルの発明したグラスホッパー機関がよく使われていました。また鉱山の排水と公共の水道には、蒸気圧三・五〜五気圧で作動するトレヴィシックの高圧コーニッシュ機関が主用されていました。豊富な石炭と高価格のためにウルフの複合機関はイギリスでは普及しませんでしたが、ヨーロッパ大陸では石炭の価格がずっと高かったため、フランス製の複合機関がその後、数十年間にわたって用いられています。

結局、蒸気機関の発展は、トレヴィシックやエヴァンズの行なったように、高圧で高速、長い膨張過程、軽量の部品を持つという方向に向かって進んでゆきます。一九〇〇年までに開発された蒸気機関として、イギリスで一八二六年以降工場用に作られた五〇〜一八五馬力程度の水平シリンダー機関と一八八四年から一八八五年にかけてP・W・ウイランス（一八五一－一九二年）の開発した高速の複合エンジンがあります。この型の機関は発電機駆動に用いられ、一八九〇年から一九〇〇年のあいだに三〇〇馬力から二四〇〇馬力にまで出力を増加させています。

内燃機関

二〇世紀の陸上交通の様相を一変させたのは、ガソリン・エンジン、ディーゼル・エンジンに代表される内燃機関です。内燃機関は、蒸気機関が蒸気の圧力を作動原理とするのに対して、空気の圧力を作動原理とするものです。

空気の弾性力を動力に利用しようとする試みは、一七世紀のオランダの科学者クリスチアン・ホイヘンス（一六二九－九五年）にまでさかのぼります。ホイヘンスと後継者デニス・パパンは、シリンダー内で火薬を燃やしてピストンを持ち上げ、燃焼ガスが冷却してピストンが押し下げられる動きで動力を得ようとしました。この考え方は、蒸気を凝縮させて、大気圧によってピストンを押し下げるニューコメンの考え方と同じということができます。しかし、この機構では連続的な運転はできなかったと思われます。

空気を作動流体としてエンジンを動かす試みをはじめて成功させたのは、フランスのエティエンヌ

・ルノアール（一八二二―一九〇〇年）です。一八五九年にルノアールは、ガスと空気を混合した可燃性気体をシリンダーの中で爆発させ、ピストンを押し下げる機関を考案しました。彼の機関は、シリンダー、ピストン、コネクティング・ロッド、フライホイールを持ち、蒸気をガスに置き換えただけで、水平型複動蒸気機関とそっくりです。予混合気をピストン行程の半ばまで入れた後、電気火花で点火すると、燃焼ガスは行程の終わりまで膨張してピストンを押し下げ、動力を発生し、ガスはピストンの戻りの行程で排出される、というサイクルを続けます。彼の機関は、同じ出力の蒸気機関に比べて効率が悪く、一馬力時間あたりのガス消費量は一〇〇立方フィート（約二・八立方メートル）もあったといいます。

内燃機関にとって大きな進歩は、フランスのボー・ド・ロシャがガス・エンジンの効率向上に欠かせない条件を考案して、特許を取った一八六二年に始まります。これは後に内燃機関の標準的なサイクルとなる四行程サイクルを規定したものです。第一行程でピストンがクランクシャフトに向かって下がるにつれて可燃性の予混合気を吸い込み、帰りの第二行程で予混合気を圧縮し、第三行程ではピストンが上がりきった上死点で予混合気に点火して、燃焼ガスによってピストンを押し下げ、ここで動力を発生させることになります。第四行程では燃焼したガスをピストンによってシリンダーから排出します。これらを繰り返してサイクルを継続させるわけですが、ボー・ド・ロシャはこの考えを述べただけで、実際に応用してエンジンを作ることはありませんでした。

実際の四行程サイクルのエンジンは、一八七八年にドイツの技師N・A・オットー（一八三二―九

水平型タンデム複
合エンジンの模型

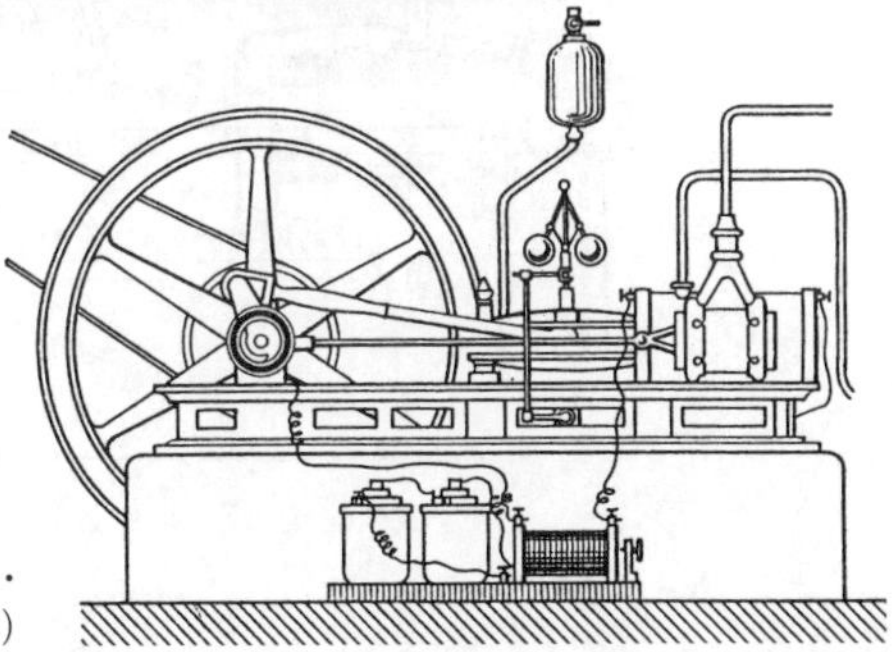

最初のルノアール・
エンジン（1860 年）

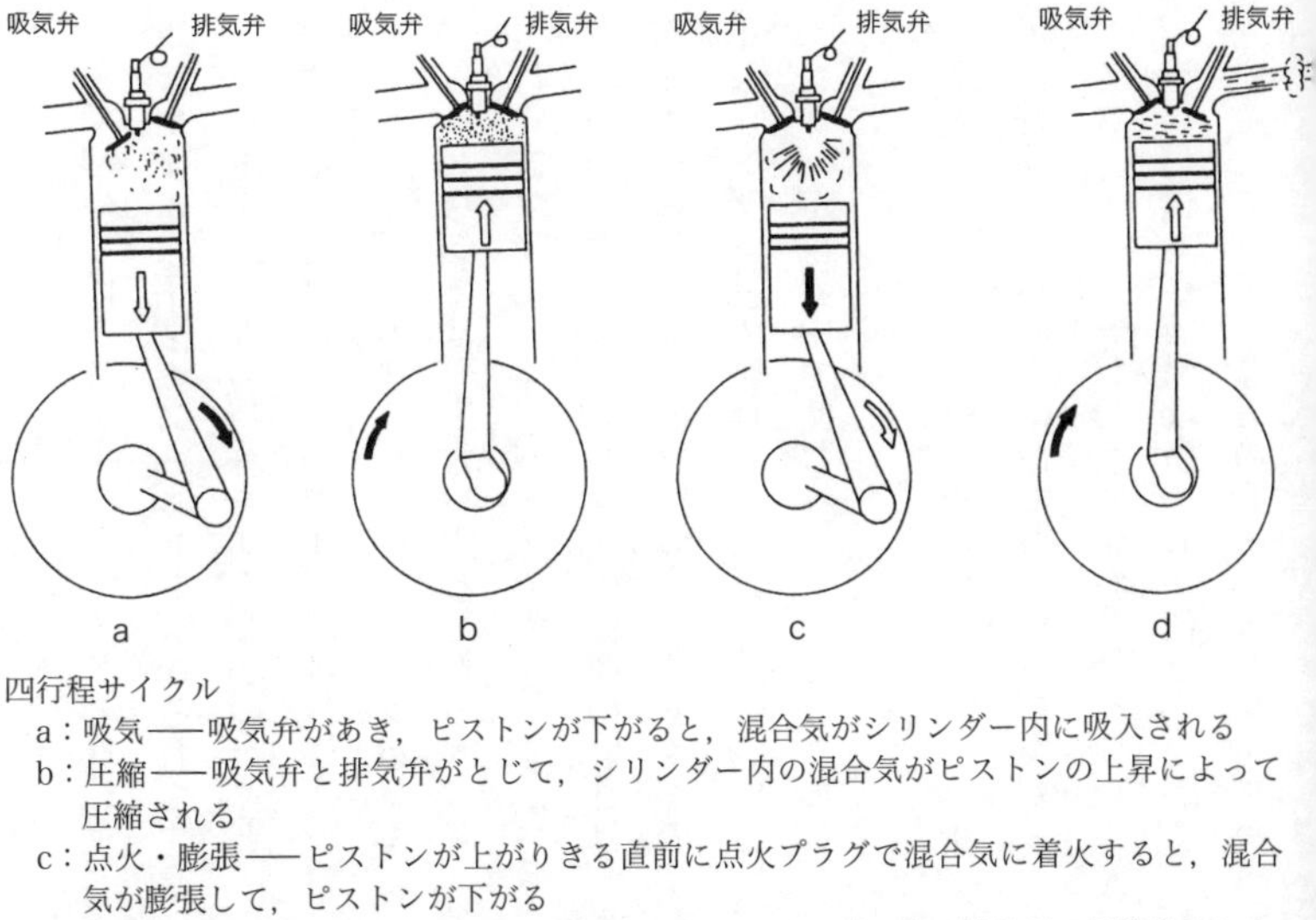

四行程サイクル

a：吸気――吸気弁があき，ピストンが下がると，混合気がシリンダー内に吸入される

b：圧縮――吸気弁と排気弁がとじて，シリンダー内の混合気がピストンの上昇によって圧縮される

c：点火・膨張――ピストンが上がりきる直前に点火プラグで混合気に着火すると，混合気が膨張して，ピストンが下がる

d：排気――排気弁があき，ピストンがあがると，シリンダー内の排気ガスが排出される

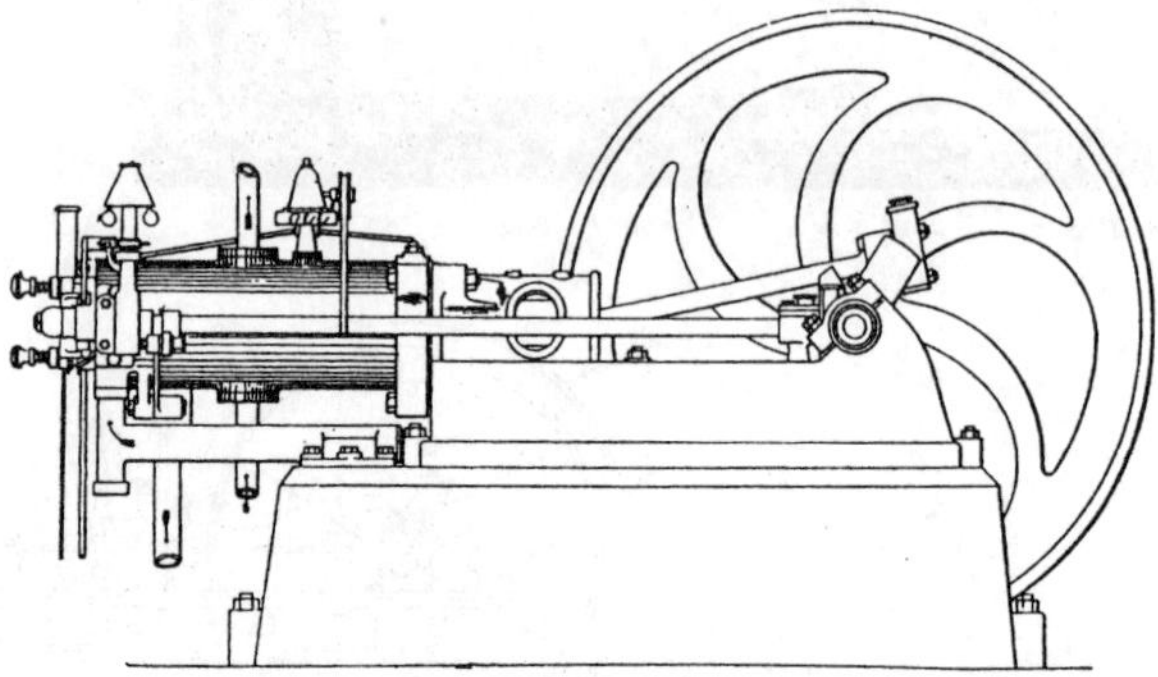

オットーのガス・エンジン（1878年頃）

一年）の手で初めて作られます。ボー・ド・ロシャのサイクルによる水平型ガス・エンジンがそれです。しかし、オットーが以前の特許を知らなかったことは確かです。そのためか、このサイクルは後にオットー・サイクルと呼ばれます。彼のエンジンは効率が良く、一八七八年には一馬力時間あたりのガス消費量は二八立方フィート（約〇・七九立方メートル）であったといいます。彼のエンジンの性能のよさはまたたくまに知られ、ほんの数年のうちにドイツのオットー&ランゲン社で製作された三万五〇〇〇台以上のエンジンが世界中で使われるようになりました。

オットーのエンジンに使われていたガスは、一九世紀後半に普及した石炭の乾留で得られる石炭ガスでした。ガス・エンジンは優れた性質を持っていましたが、ガスの供給が容易な所でしか使うことができません。そこで、アメリカのE・L・ドレイクが一八五九年に初めて石油を生産して以来、普及してきた新しい液体燃料をエンジンの燃料に利用しようとする試みが始まります。当時の石油製品は、ランプや暖房や厨房に用いるケロシン（灯油）と石炭の代替燃料としての重油が主なところで、後に内燃機関の主要な燃料となるガソリンは価値の無い副産物として扱われていました。

ケロシンを燃料として、ガス・エンジンと同じ機構で運転するには、燃料と空気の予混合気体を作る必要があります。ケロシンは沸点が高くて、常温では気化しません。そのためケロシンを熱して気化するか、ケロシンを高圧の空気と一緒に霧状に吹きだすなどの工夫が必要となります。こうして予混合気体を作って運転するエンジンが、一八八〇年から一八九〇年にかけて造られています。

一八九二年にドイツの技師ルドルフ・ディーゼル（一八五八―一九一三年）が、圧縮点火のエンジンの特許を取ります。彼の目的は内燃機関の熱損失の緩和にあり、燃料を徐々に加えることによって最高温度を低下させ、大きな膨張比を取ることによって排気の温度を低くして、熱損失を少なくしようとしたのです。ディーゼルは、熱機関の最高の効率を約束するカルノー・サイクルに近いサイクルを理想としました。オットー・サイクルで空気だけを高度に圧縮すると、温度はずっと高くなり、そこに燃料を噴射すると、高温のため点火して燃焼します。噴射には少し時間がかかるため、燃料を徐々に加えたのと変わりなく、また膨張行程では膨張比が大きく、排気の温度が低く抑えられるので、ディーゼルの理想が実現されることになります。

しかし、当時は高圧に耐える構造を持つエンジンを造る技術がなく、また高圧・高温の空気中に燃

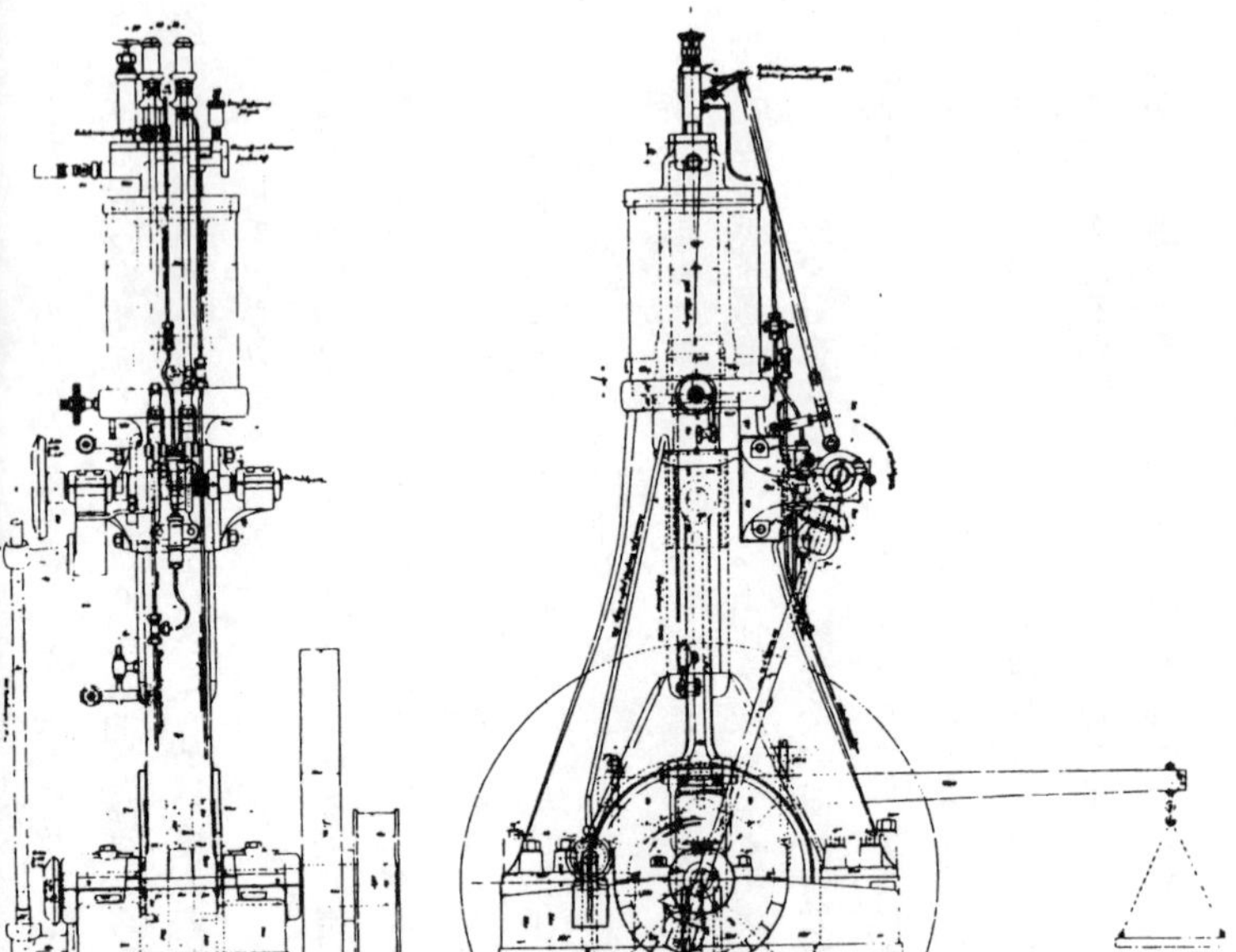

ディーゼル・エンジンの最初の図面（1893年）

ディーゼル・エンジン（1897 年）

料を噴射する技術もなかったため、理想的な初期のディーゼルの試みは成功しませんでした。エンジンを大きく頑丈に作らねばならない割には、出力が小さく、実用にならなかったからです。一八九七年に彼は初めて成功しますが、このエンジンは、彼の理想であったカルノー・サイクルとはかけ離れた、今日、私たちが目にしているディーゼル・エンジンに近いサイクルのものでした。一九一〇年までに船舶で用いられていたディーゼル・エンジンが、真に実用的で経済的なエンジンになったのは、燃料噴射の技術が完成した一九二〇年以降のことで、今ではトラックやバスなどに広く使われていますし、また船舶用エンジンとして主要な役割を果たしています。

一九世紀末に開発されたこれらの内燃機関は、かつての蒸気機関と同様、水平シリンダーを持ち、回転数も毎分数百回と低速なエンジンでした。

ジェット・エンジン

第二次大戦後の二〇世紀後半に、航空機のエンジンとして、ジェット・エンジンが開発されます。従来の内燃機関は、シリンダーの中で燃料を燃焼させ、シリンダー内の圧力でピストンを押し下げて動力を発生させる形式でした。これがピストン・エンジンと呼ばれるゆえんです。ジェット・エンジンは、蒸気タービンが蒸気の流れの圧力・速度を利用して動力を得ていたように、高温・高圧の燃焼ガスの流れのエネルギーを動力に変えるもので、従来の内燃機関とは根本的に違っています。

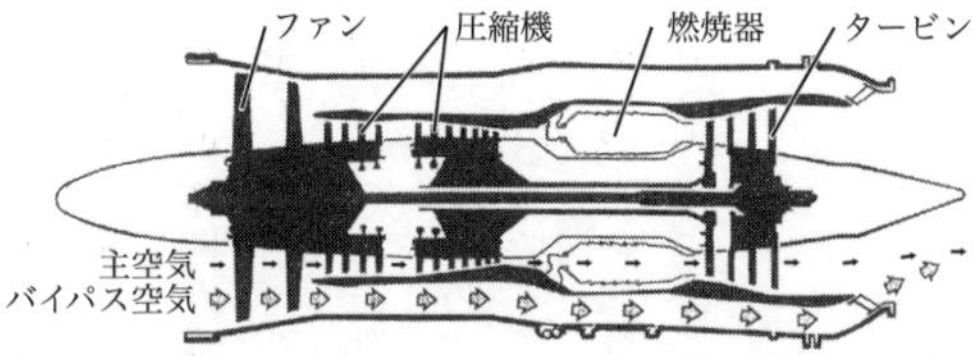

航空機のジェット・エンジンの概念図　中心のガスタービン部の外側の空気の流れは，排ガス速度を低くするバイパスなので，マッハ１以下での効率が向上する

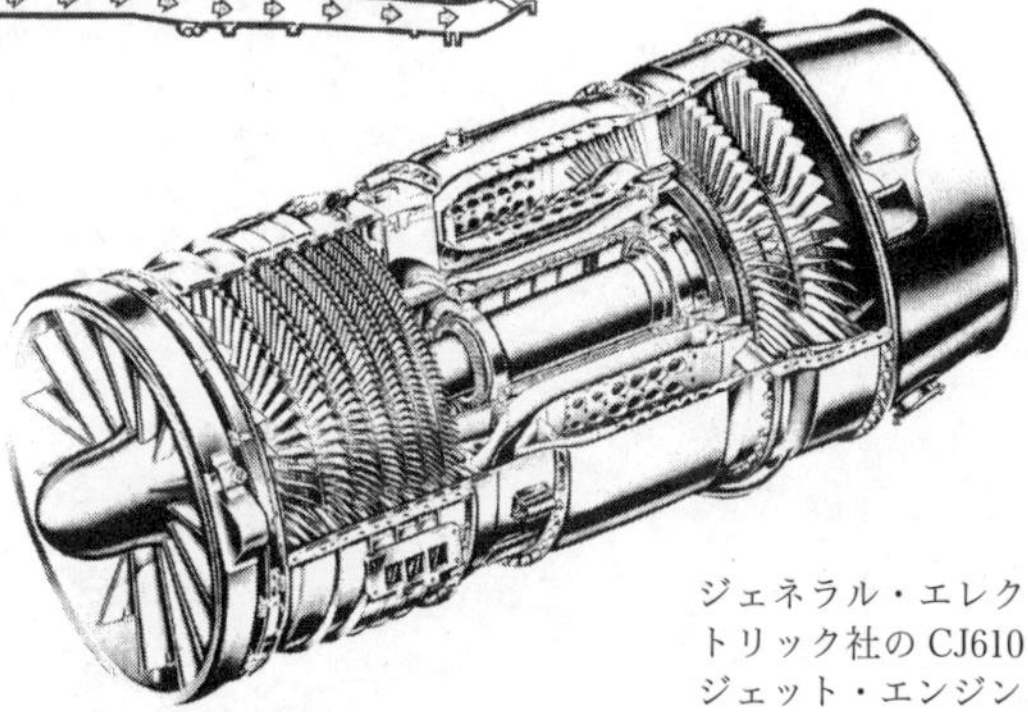

ジェネラル・エレクトリック社の CJ610 ジェット・エンジン

ジェット・エンジンの基本的な構成は、空気の流れを圧縮するコンプレッサー、圧縮された空気の中で燃料を燃やす燃焼器、高温・高圧の燃焼ガスで駆動されるガス・タービンからなります。タービンの出力はすべてコンプレッサーを駆動するのに使われます。航空機は、タービンを出た後、高速で排出されるガスの反動力を推進力として利用します。この反動力は、航空機の機体の速度がガスの速度の二分の一の時いちばん効率良く利用できます。

排出ガスの速度は、排気ガスのノズルを、蒸気タービンのところで述べたド・ラヴァル・ノズルと同じ原理の末広がりの大型のノズルとすることで、音速より早くすることができます。そうすることによって、航空機を効率よく飛行させる速度が排気ガスの速度の二分の一でも、航空機を音速以上で飛行させることができるのです。音速と同じ速度をマッハ一といいますが、現在、旅客機でマッハ〇・八五くらい、軍用機になるとマッハ二以上が普通になっています。

ジェット・エンジンの開発によって長距離を短時間で移動できるようになったことから、国際間を結ぶ航空路が発達して、国際旅行はジェット機によるのが常識になっています。初期には人の移動が主でしたが、このごろではジェット輸送機による貨物の輸送も経済的に引き合うようになって、輸送量は急速に増加しています。

ジェット・エンジンの排気のエネルギーをもう一つのタービンで回転動力に変換するのが、ガス・タービンです。ガス・タービンは、ピストン内燃機関に比べても出力当たりの大きさがさらに小さく、軽量になりますので、プロペラ機のエンジンとして、また短時間高出力の必要な非常用の動力として用いられています。

5 交通

船舶

蒸気が動力として用いられることがわかった一八世紀初頭以来、蒸気動力で船を動かすことが試みられています。船を動かす方法として採用されたのは、古くから知られていた水車の構造をそのまま使ったパドル・ホイール（外車）です。一七六三年にアメリカの技術者ウイリアム・ヘンリーが蒸気機関で駆動するボートを作って、実験したのが世界で最初です。しかし、このボートはすぐに沈んでしまって、実験は途切れてしまいました。

フランスでは一七八三年七月にクロード・ジョフロイ・ダバンが、全長一四八・五フィート（四五・三メートル）、排水量一八〇トンの蒸気船のセーヌ河での航行に成功していますが、この試みもフランス革命後の混乱や財政的の理由から継続せず、テストだけで終わっています。

一方、イギリスとアメリカでは蒸気船の実験が引き続いて行なわれました。イギリスでは一七八八

ジョフロイの蒸気船の24分の1の模型（1784年）

年にパトリック・ミラーとジェイムズ・テイラーと技術者ウイリアム・シミントン（一七六三—一八三一年）の三人が協力して、中央にパドル・ホイールを置いた双胴船にワットの機関を乗せた長さ二五フィート（七・六メートル）、排水量五トンくらいの船を造って、試験航海を行なっています。当初、チェインで動力を伝達するシステムがうまくいきませんでしたが、一八〇一年にそれを解決して、全長一〇〇フィート（三〇・五メートル）、排水量二五〇トンの蒸気船をスコットランドの小さな湖で数回航行させています。

アメリカでは一七八五年にジョン・フィッチが、フィラデルフィアのアメリカン・フィロゾフィカル・ソサイエティに模型と図面と説明書を提示しています。これは左舷にチェインで駆動されるパドル・ホイールを持つ蒸気船です。フィッチは、アメリカ原住民がパドルを一方の側だけ漕いでカヌーを操っ

シミントンの最初の蒸気船（1788 年）

デラウエア川を航行するフィッチの蒸気船（1786 年）

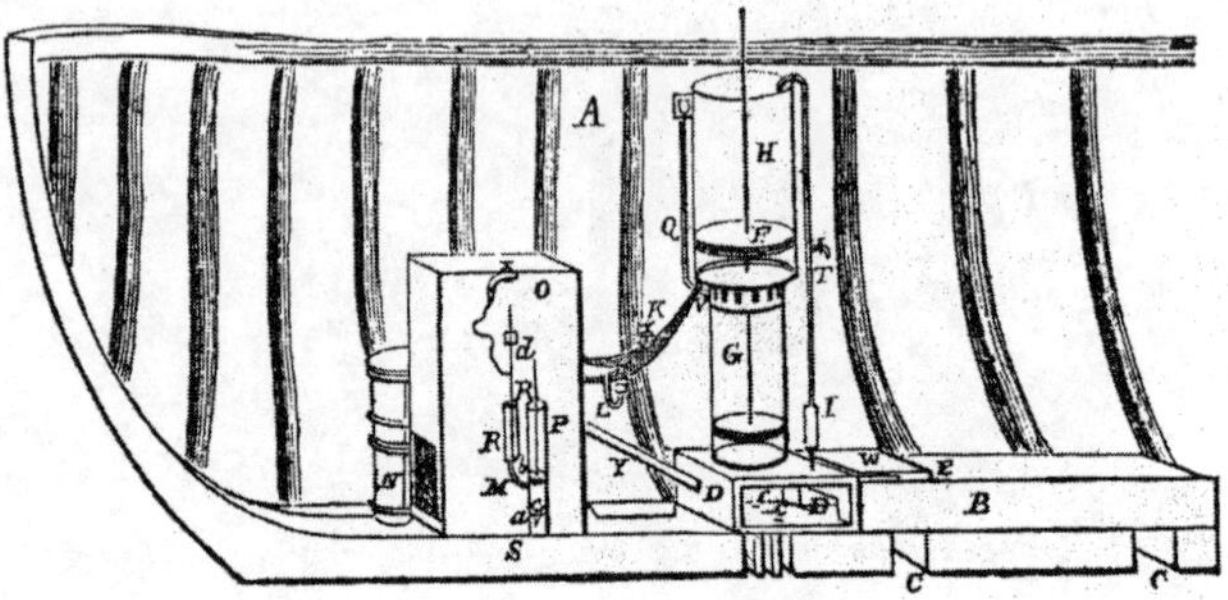

ラムゼイのジェット推進船の案（1788年）

ていたことからこの構造のヒントを得たのではないかといわれています。一七八六年に彼はオールで推進する排水量九トンのボートを作り、フィラデルフィアからバーリントンまでの二〇マイル（三二キロメートル）を三時間一〇分で航行しています。その後、彼はフランスに渡ったものの失敗し、失意のうちに命を絶ちました。

フィッチの好敵手ジェイムズ・ラムゼイはジェットによる推進法を試みています。一七八五年に建造され、一七八七年にポトマック川で運転された彼の船は、ポンプで舳先から水を吸い込み、船尾から噴出する簡単な仕組みで走りました。ラムゼイはイギリスで一七九二年一二月に試験運転を行ないましたが、翌年二月に急逝してしまったため、ロバート・フルトン（一七六五－一八一五年）が実験を引き継ぎ、四ノット（七・四キロメートル）の速度を得ています。

実用に供することのできる蒸気推進の船を初めて

フルトンの最初の蒸気船の模型（1803年）

作り上げたのは、ロバート・フルトンです。一七九六年にフルトンはフランスに行き、そこでアメリカ大使ロバート・R・リヴィングストンの知遇を得ます。リヴィングストンは数年前にニューヨーク州から蒸気船の航海を認めるライセンスをもらっていましたが、それを実現する手立てがなかったため、実際に蒸気船を作るプロジェクトの推進をフルトンに託しました。フルトンは組織的な研究を進め、以前の試みが失敗に終わったのは使用したエンジンが不適当であったためとの結論を得ます。彼はパドル・ホイールを採用することとし、その大きさと用いる蒸気機関の大きさと出力を計算して割り出しました。

船の建造は一八〇三年に始まります。船の喫水線長は一〇一フィート三分の二（三一メートル）、幅は八フィート（二・四メートル）、深さは三フィート（〇・九メートル）、喫水線下の深さ二フィート（〇・六メートル）です。エンジンは直径三フィート四分の

ハドソン河を航行するフルトンのクレアモント号（1807年）

一（〇・九六メートル）の垂直シリンダーで、直径一一・五フィート（三・五メートル）のパドル・ホイールを駆動します。彼の蒸気船は、一八〇三年八月九日にセーヌ河で行なわれた最初の試験運転で一時間半にわたって二・九ノット（五・四キロメートル）の速度で河をさかのぼることに成功し、次のテストでは三・五八ノット（六・六キロメートル）と四・五ノット（八・三キロメートル）の速度で走りました。

フルトンは数週間後にイギリスに渡り、ボウルトン・ワットの工場にさらに強力なエンジンを注文してアメリカに送ってもらっています。一八〇六年にニューヨークに戻ったフルトンは、翌年、ハドソン河を航行することのできる最初の蒸気船をニューヨークで建造し、この船をリヴィングストンの故郷の家のそばを流れる川にちなんでクレアモント号と命名しました。クレアモント号は、排水量一〇〇トン、

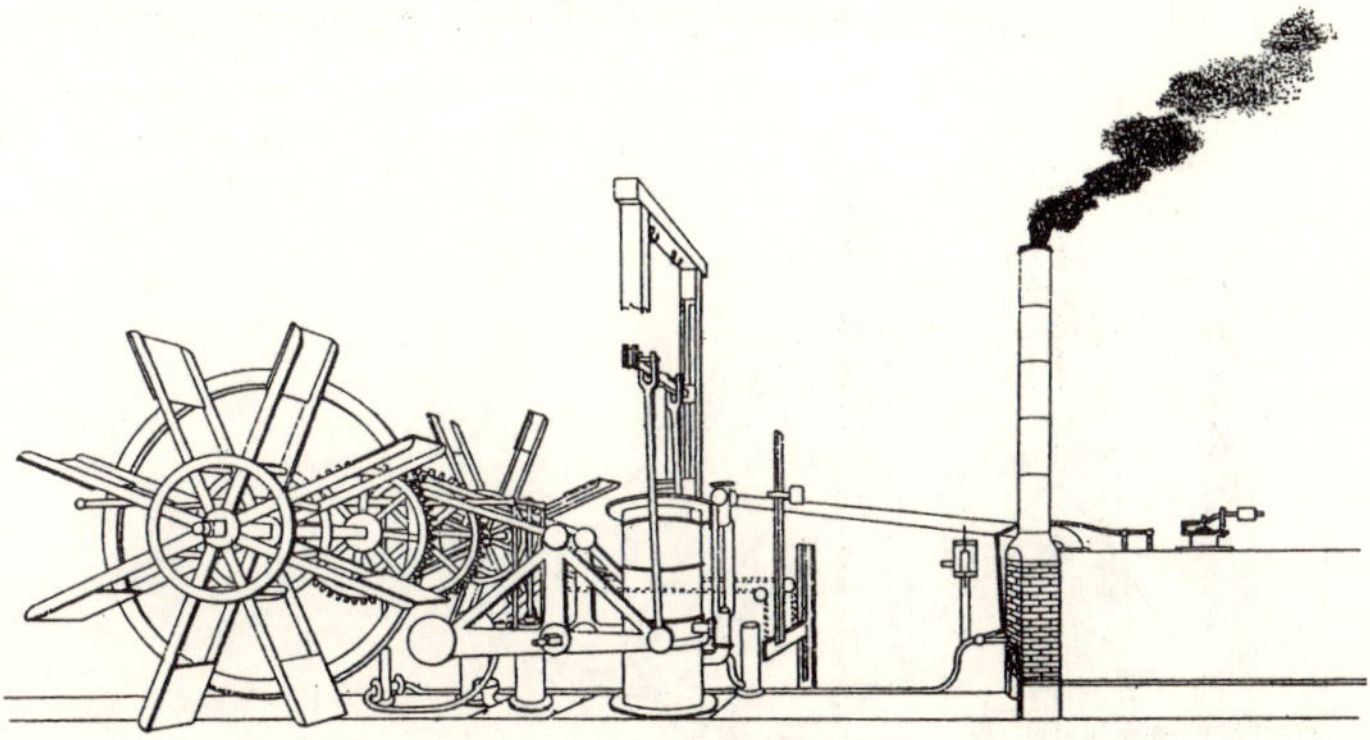

クレアモント号の蒸気機関（1807年）

全長一三三フィート（四〇・五メートル）、幅一三フィート（四メートル）で、エンジンは直径二フィート（〇・六メートル）の垂直シリンダー、出力二馬力、パドル・ホイールの直径は一四フィート四分の三（四・五メートル）、ブレードは八枚、一枚の大きさは四フィート三インチ（一・三メートル）×二フィート（〇・六メートル）でした。一八〇七年八月にクレアモント号はニューヨークからオルバニーまでハドソン河を四・七ノット（八・七キロメートル）の速度でさかのぼる最初の航海を行なった後、そのシーズン中、航海を続けて行なっています。一八〇七年から一八〇八年の冬に改造を加えた後、ハドソン河での運転は長期間にわたって続けられました。

フルトンはその後一九隻の蒸気船を作りますが、最大の船は一八一一年に建造したチャンセラー・リヴィングストン号で、全長一六二フィート（四九メートル）、幅三三フィート（一〇メートル）の船体に六

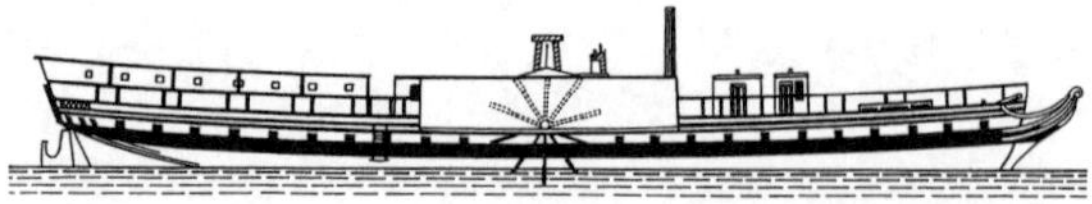

フルトンのチャンセラー・リヴィングストン号（1811 年）

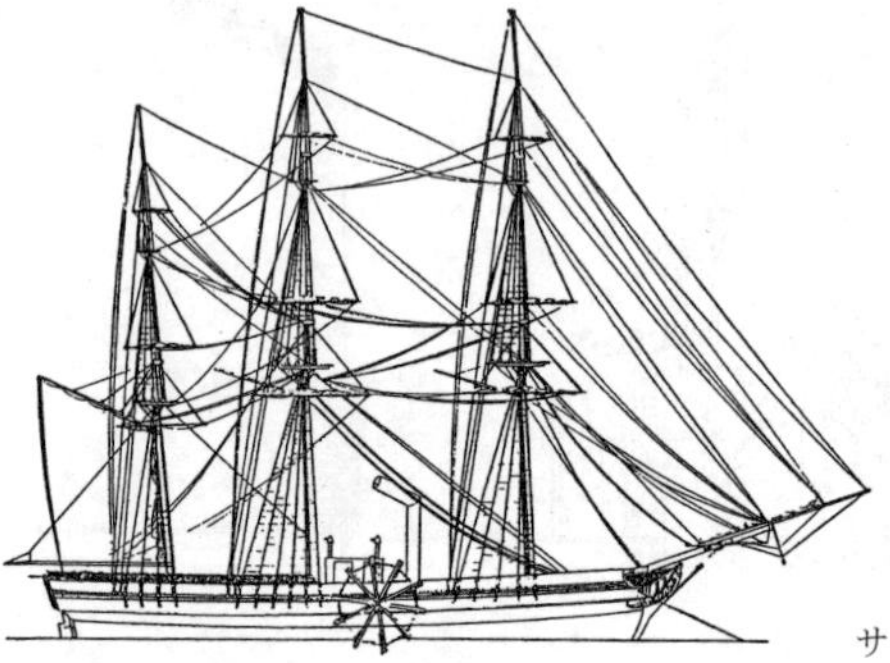

サヴァンナ号（1819 年）

○馬力のエンジンを積んでいました。

以後、アメリカで湖や河川を航行する蒸気船の建造が盛んに行なわれました。湖や河川では波浪を考慮する必要がないため、簡単な構造で十分だったからです。舷側は低く、甲板上にキャビンやサロンなどを設け、ワット型のエンジンを積むのに十分なゆとりがありました。しかし、こうした河川用の船舶では外洋の航行は無理でした。

一八三五年当時、高速帆船のクリッパーでもイギリスのルハーブルから大西洋を横断してニューヨークまで三五日かかり、帰りは卓越西風に乗っても二五日を要しました。このように帆船の航行は、風向きや凪によって左右される弱点があります。そこで天候に左右されずに大西洋を横断できる蒸気船を造ろうとする試みが始まります。

蒸気機関を搭載して大西洋をはじめて横断することに成功したのは、ニューヨークで建造された木造

シリウス号
(1838年)

船サヴァンナ号です。この船は、九〇馬力のエンジンを搭載した全長九八・六フィート（三〇メートル）、積載量三一九トンの帆船で、蒸気による航行速度は四・五ノット（八・三キロメートル）であったといわれています。サヴァンナ号は乗客を乗せず、石炭七五トンと薪二五コード（一コードは一二八立方フィート＝三・六二立方メートル）を積んで一八一九年五月二〇日にニューヨークを出港して、二八日かけてアイルランドの見えるところまで到達し、三日後の六月二〇日にリヴァプールに着きました。航海中、気走したのは一八日、時間にして八〇～九〇時間であったそうです。アメリカに帰った後、サヴァンナ号は蒸気機関を取り外して、本来の帆船に戻りました。その後、一八二一年から一八三一年にかけて数隻の蒸気船が大西洋を横断しましたが、いずれも一部帆走をしています。

一八三七年より後になると蒸気の力だけで大西洋

グレート・ウエスタン号（1838 年）

の横断が可能になります。一八三八年四月のほぼ同じ頃に処女航海をしたシリウス号は一八日一〇時間、グレート・ウエスタン号は一五日五時間で大西洋を横断しています。シリウス号は全長一七八フィート（五四・三メートル）、積載量七〇〇トン、三二〇馬力、グレート・ウエスタン号は全長二三六フィート（七一・九メートル）、積載量一三二一トン、七五〇馬力でした。シリウス号はアメリカに帰る時は帆走し、帰国後、エンジンを降ろして帆船にもどりました。しかし、グレート・ウエスタン号は大西洋横断の定期船として一八三八年から一八四七年まで六四回航海し、その後の一〇年間は西インド諸島への航海に従事しています。

蒸気機関でパドル・ホイールを駆動する木造船舶による外洋航海の時代は一八五六年まで続きます。鉄製の船体を持つ最後のパドル・ホイール船はスコティア号で、一八六二年から一八六七年まで最も速

スコティア号（1861年）

い大西洋横断記録（八日三時間）を保持しました。

幕末、嘉永六（一八五三）年六月に浦賀に現われたペリー提督率いるアメリカ東インド艦隊の軍艦、いわゆる黒船もパドル・ホイールを装備していました。

船舶の推進方法は、やがてパドル・ホイールから効率のいいスクリューへとかわります。一九世紀半ばにスクリューを装備した代表的な船は、イギリスのグレート・ウエスタン鉄道の偉大なる技師ブルネルによって一八四四年に建造されたグレート・ブリテン号です。鉄製の船体構造を初めて採用したこの船は、全長二八九フィート（八八・一メートル）、排水量三二七〇トンで、一五〇〇馬力のエンジンを積み、最大速力一二ノット（二二・二キロメートル）、三六〇人の乗客と一二〇〇トンの積荷を運ぶことができました。最初の大西洋横断航海では、六〇人の乗客と六〇〇トンの積荷を積んで平均九・三ノット（一七・二キロメートル）で航海したといいます。以

グレート・ブリテン号の進水（1843 年 7 月 3 日）

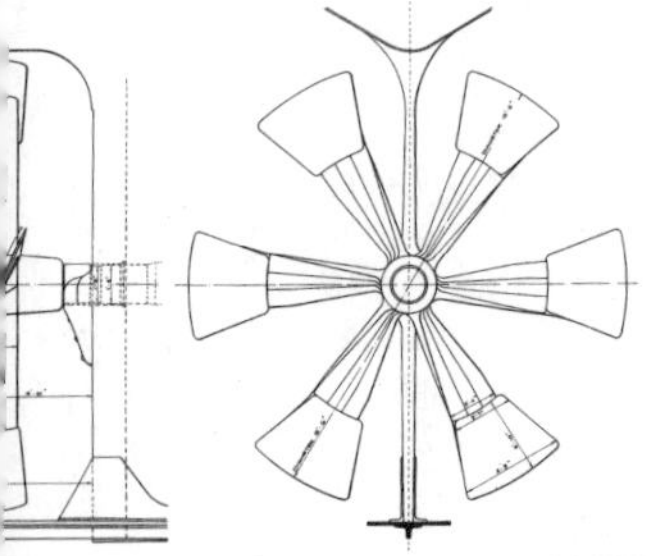

グレート・ブリテン号
のスクリュー

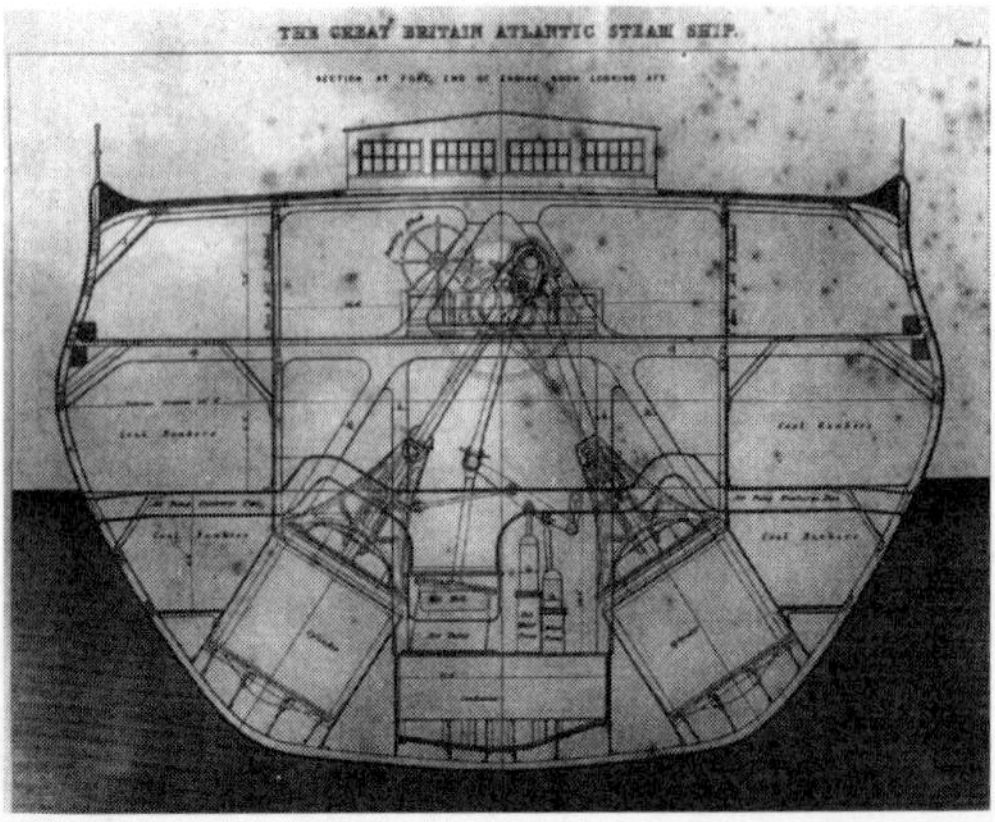

グレート・ブリテン号
の機関室の横断面図

チャイナ・クリッパー

後、この船はさまざまな航路に就航しますが、一八八六年にホーン岬沖で荒天により大損害を受けたため、フォークランド諸島のポートスタンレーで倉庫として用いられ、一九三三年にその生涯を終えました。なお、長らくポートウイリアムに放置されていた船体は一九七〇年にポンツーン（箱船）に載せられてブリストルに戻り、建造されたドックで復元・修理を受けて、展示されています。

以上が、蒸気の力で船舶を駆動しようとした初期の試みです。この頃、船に積まれたのはワット式の重くて効率の悪い蒸気機関であったため、大量の石炭を積み込んで航海しなければならず、運搬できる積荷も少なく、燃料費もかさんだので、貨物輸送の目的には蒸気船はあまり効率がいいものではなかったと思います。一九世紀後半の長距離海運はまだ帆船の時代でした。多くの帆を持ち、七五〇トンから二〇〇〇トンに達する三本マストのクリッパーと呼ばれる高速帆船が多数建造され、チャイナ・クリッパーとして中国から茶を運んだほか、オーストラリア航路などでも活躍しました。

大量の積荷を運ぶ手段は、今も昔も船です。かつては河川や運河をさかのぼる船は堤を行く馬によって引かれ、海を航行する船はもっぱら風にたよっていました。船舶の動力として蒸気機関が実用になるのは、一九世紀後半になって船舶用の能率のいい蒸気機関と蒸気タービンが開発されてからです。同じ時期に船舶を建造する素材としての鋼を大量に供給しうる技術が発達して、大量の貨物を安価に速く輸送することのできる船舶が造られるようになりました。その結果、地域間の人の交流と物の流れが促進されたことが、産業の発展を加速します。一九世紀後半から世界的に大きな経済発展が始まったのは、交通手段の発達によってそれまでは困難であった地域間の人と物の交流が可能になったことが大きな原因の一つです。

鉄道

ローマ時代に作られた堅固なヨーロッパの道路も、その後、手入れされずに使われつづけたために、中世には馬車の通行にも難儀するほど荒れ果ててしまっていました。人口が増え、交流が盛んになるにつれて、車両による交通と運輸が必要視されるようになりますが、重い荷を積んだ車両が通行できるような舗装された道路を建設しなければならないという気運は、一八世紀になるまで起こりません

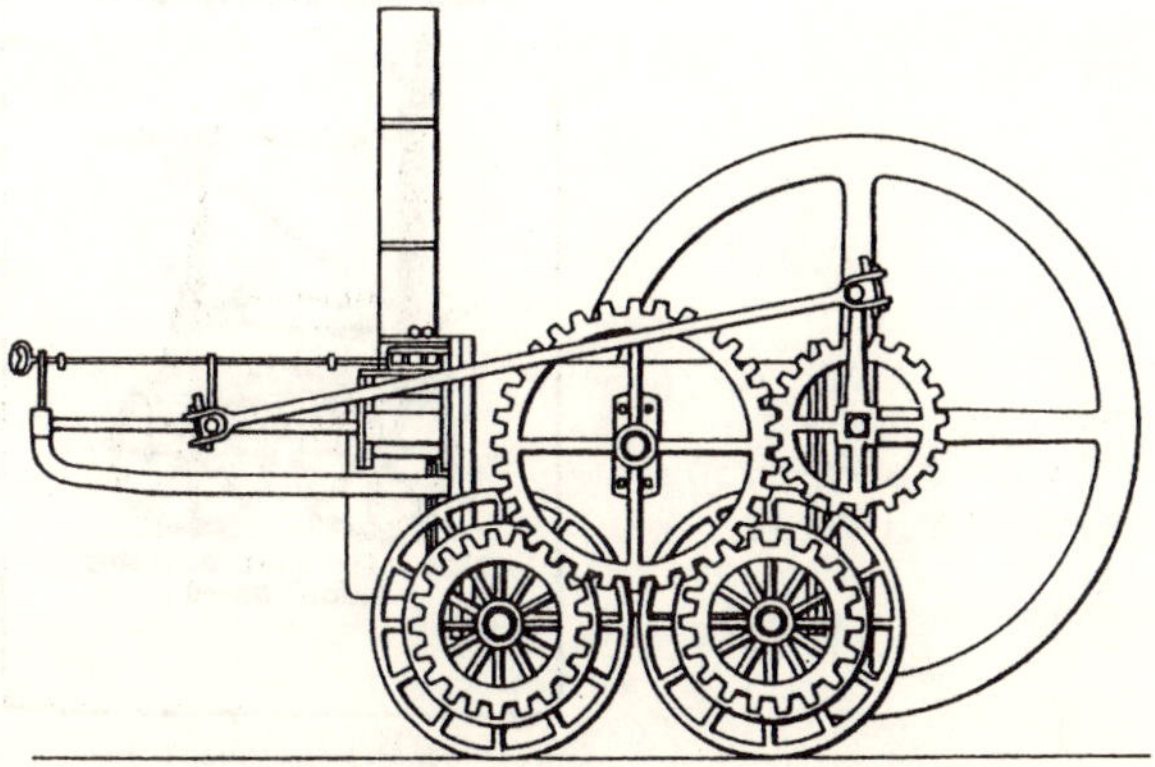

トレヴィシックの蒸気機関車（1803 年）

でした。大半の道路は重い荷物を車で運搬するに耐えない状況でしたので、木製のレールを引いて、その上に馬車を走らせ、荷物を運ぶ試みが一七世紀に始まります。当時、長さ六フィート（一・八メートル）のオークかパインのレールをオークの枕木に釘で留めていましたが、これでも何もしない道路に比べて三倍の荷を運ぶことができたといいます。

イギリスの炭鉱地帯では炭鉱から川沿いの船着場までレールを引いて、その上に馬車を走らせて、大量の石炭を輸送していました。しかし、木製のレールはすぐに傷んでしまいます。一八世紀後半に石炭による製鉄が盛んになって、廉価な鋳鉄が得られるようになると、木製のレールよりはるかに丈夫で長持ちのする鋳鉄製のレールが登場します。このレールですと一頭の馬で二輌の荷車を引くことができたので、経済的にははるかに優れていたことは確かです。

上：トレヴィシックの作った韋駄天号（1808 年）
下：円形軌道を走るトレヴィシックの韋駄天号（1808 年）

The first passenger locomotive, 1808.

高圧機関の開発者トレヴィシックが、一八〇一年に道路を走る蒸気車を作って、試験には失敗したものの、次の年に「蒸気機関――その構造の改良および車両を駆動するためにそれを応用すること」という特許をとったことはすでに述べたとおりです。

蒸気車を二台製作した後、高圧蒸気機関の開発に専心したトレヴィシックは、一八〇三年にサウス・ウエールズの数カ所の鉄工所で圧延機のために蒸気機関を設置しました。その際、ペンダレン鉄工所の所有者が、工場と近くの船着場を結ぶ九・七五マイル（一五・六キロメートル）の区間を走る蒸気機関車をトレヴィシックが作れるかどうかで賭をしたのです。トレヴィシックはすぐさま仕事にとりかかり、翌年二月に行なわれた試験では、彼の蒸気機関車は、鋳鉄軌道を数カ所壊したものの、二〇トンの荷物を引いて時速八キロで走り、賭に勝ちました。この機関車は、水を除くと約五トンの重さですので、もっと多くの荷物を運ぶ能力があり、トレヴィシックの言うように「完全に一人の人間で操作することができ、二五トンの荷を時速四マイル（六・四キロメートル）で運ぶことのできる初めての自走機械」でした。

さらに一八〇八年の六月と九月にトレヴィシックは、自重八トンの蒸気機関車を造り、ロンドンで走らせました。韋駄天《いだてん》号と命名されたこの機関車は、円形に敷設された軌道の上を人を乗せた客車を引いて、時速一九キロで走ったといいます。これが旅客運送用の蒸気機関車の最初です。

このようにトレヴィシックは蒸気機関車を創始したばかりでなく、鉄の車輪と鉄のレールとの摩擦が牽引力に十分な粘着力を持つことを初めて証明したのです。彼は十分な空気の流れを得るために蒸気を煙突を通して排出する方法に関して特許をとっています。彼の特許は、ワットの復水器の特許が定置型の蒸気機関に及ぼしたのと同様、蒸気機関車の設計に大きな影響を与えています。一八一四年にジョージ・スティーブンソン（一七八一―一八四八年）が最初に作った蒸気機関車にこの知識が受け継がれていることはまちがいありません。

スティーヴンソンの最初の蒸気機関車は、キリングウォース炭鉱用で、自重の八倍の重さの三〇トンの貨物を毎時四マイル（六・四キロメートル）の速度で牽引することができました。従来の車輪はレールに当たる面が平らで、車輪の横ずれはレールに付けたフランジで防いでいましたが、スティーヴンソンはこの方式をとらず、いま私たちが知っている電車などの車両の車輪と同じように車輪に横ずれ防止のフランジをつけ、今日と同じくレールは平らな面としました。やがて、彼のとった方式のレールと車輪が普及します。

一八一四年の機関車製造の経験に加えて、トレヴィシックの後に作られたジョン・ブレンキンソップやウイリアム・ヘドレイらの機関車を参考にして、スティーヴンソンは一八一五年にキリングウォースで新しい機関車を作ります。動輪をコネクティング・ロッドで結び、ピストンで駆動するクランクシャフトを軸に取り付けるという構造は、この機関車で初めて採用され、以後、ずっと受け継がれることになります。しかし、この機関車にはスプリングサスペンションがなく、傾斜のある軌道上では荷重が不均等にかかってしまうため、スティーヴンソンは、車軸受をボイラーから高圧蒸気を供給するシリンダーで支える構造を考案し、一八一五年に特許を取っています。この型の機関車は一八一

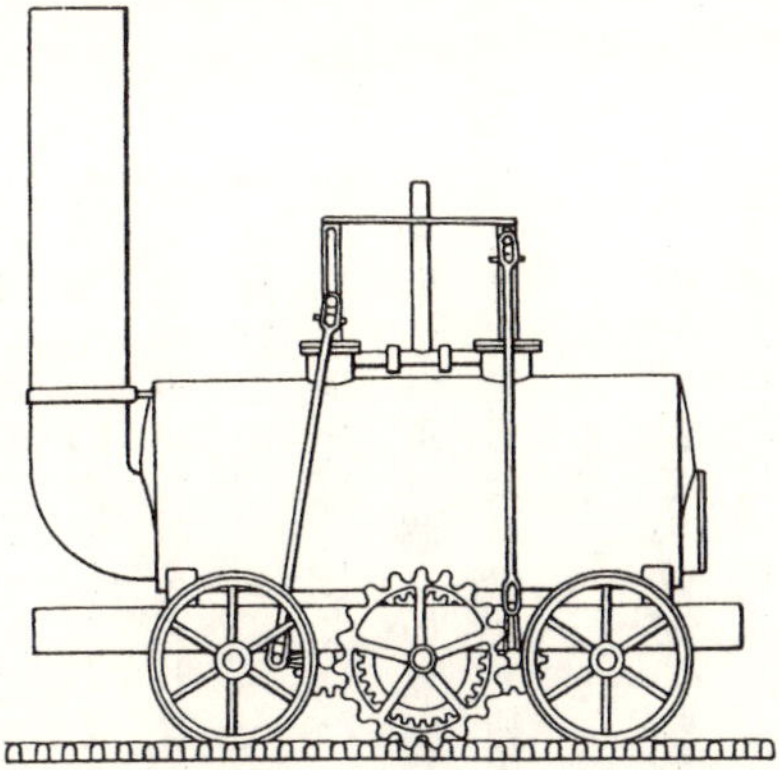

ブレンキンソップの作ったミドルトン炭鉱の蒸気機関車（1811年）

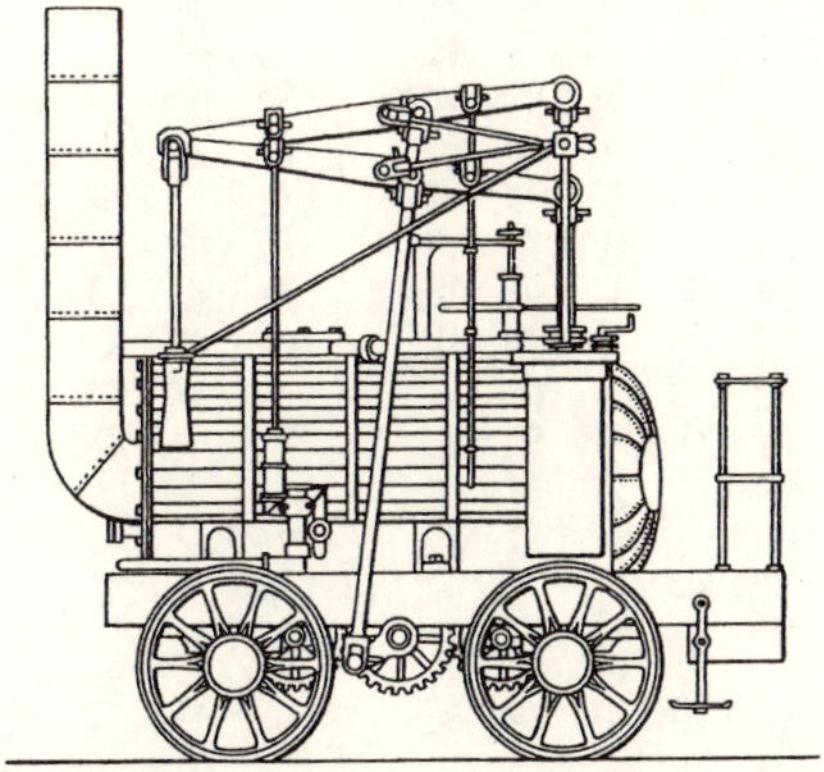

ヘドレイの作ったワイラム炭鉱の蒸気機関車(1813年)

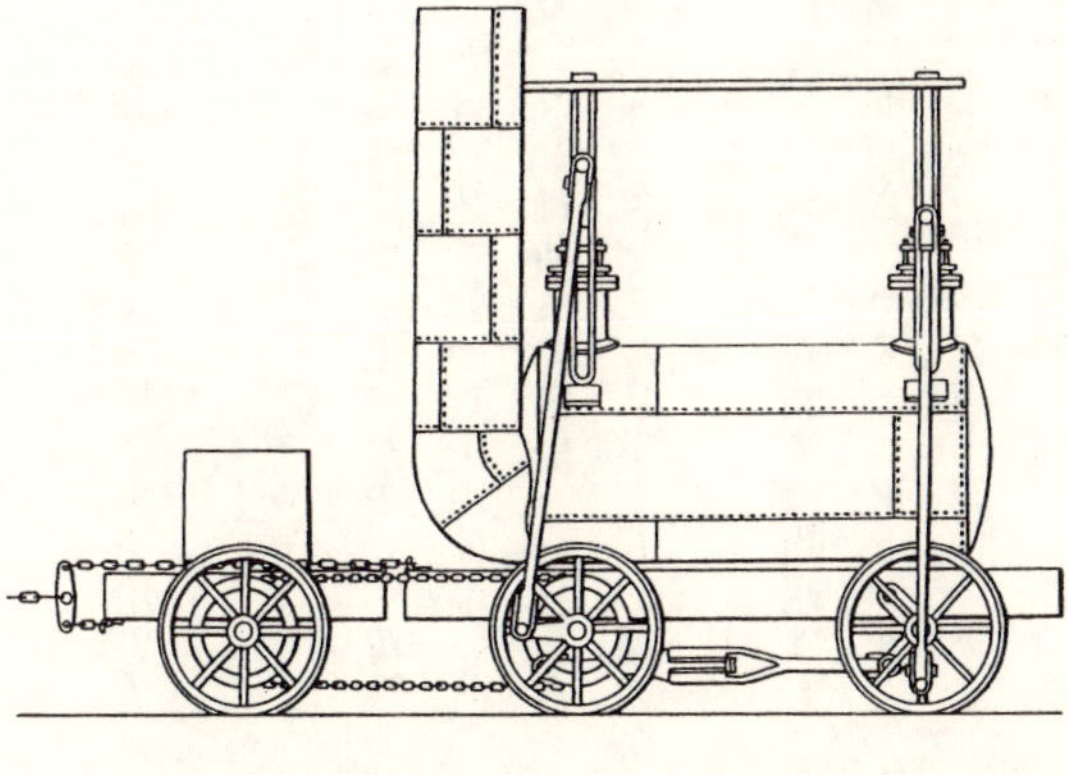

ジョージ・スティーヴンソンの作ったキリングウォース炭鉱の蒸気機関車（1815年）

六年から一八二二年にかけて何台か作られて、重い荷物を運ぶには馬に頼るより蒸気機関車を用いるほうが有利であることを実証しました。

当時の蒸気機関車は鋳鉄製のレールの上を走っていましたが、重い荷物を運ぶことができるようにレールは改良されていきます。一八〇四年にトレヴィシックの最初の蒸気機関車が走ったのも、鋳鉄製のレールの上でした。その際、レールをいくつか壊してしまったことは、鋳鉄製のレールは重い荷物の速い輸送に耐えられない証拠です。そこでジョージ・スティーヴンソンは研究の結果、一八一六年に錬鉄を使ってレールをつくる特許を取り、一八二九年にリヴァプールとマンチェスター間に錬鉄製のレールを敷設しました。

初期の鉄道は個々の鉱山会社によって自家用として設置されたもので、それぞれの間には関連はありませんでした。公共の利用を目的とした最初の鉄道は、一八二一年に開設されたストックトンとダーリントンを結ぶ一二マイル（一九・二キロメートル）の鉄道です。一八二二年にジョージ・スティーヴンソンはこの鉄道の技師に任命され、また一八二三年には、蒸気機関車の動力で運転し、この鉄道を商業目的に使用することを許可する法律が施行されます。最初の機関車は一八二五年に完成します。この機関車は後にロコモーションと呼ばれ、自重八トンで五〇トンの貨物を牽引して、平坦地を毎時五マイル（八キロメートル）の速度で走ることができました。

一八二六年に議会は、機関車が煙を出さないという条件をつけてリヴァプールとマンチェスター間の鉄道を認可します。一八一五年以降、紡績業の中心地であったマンチェスターから主要な輸出港で

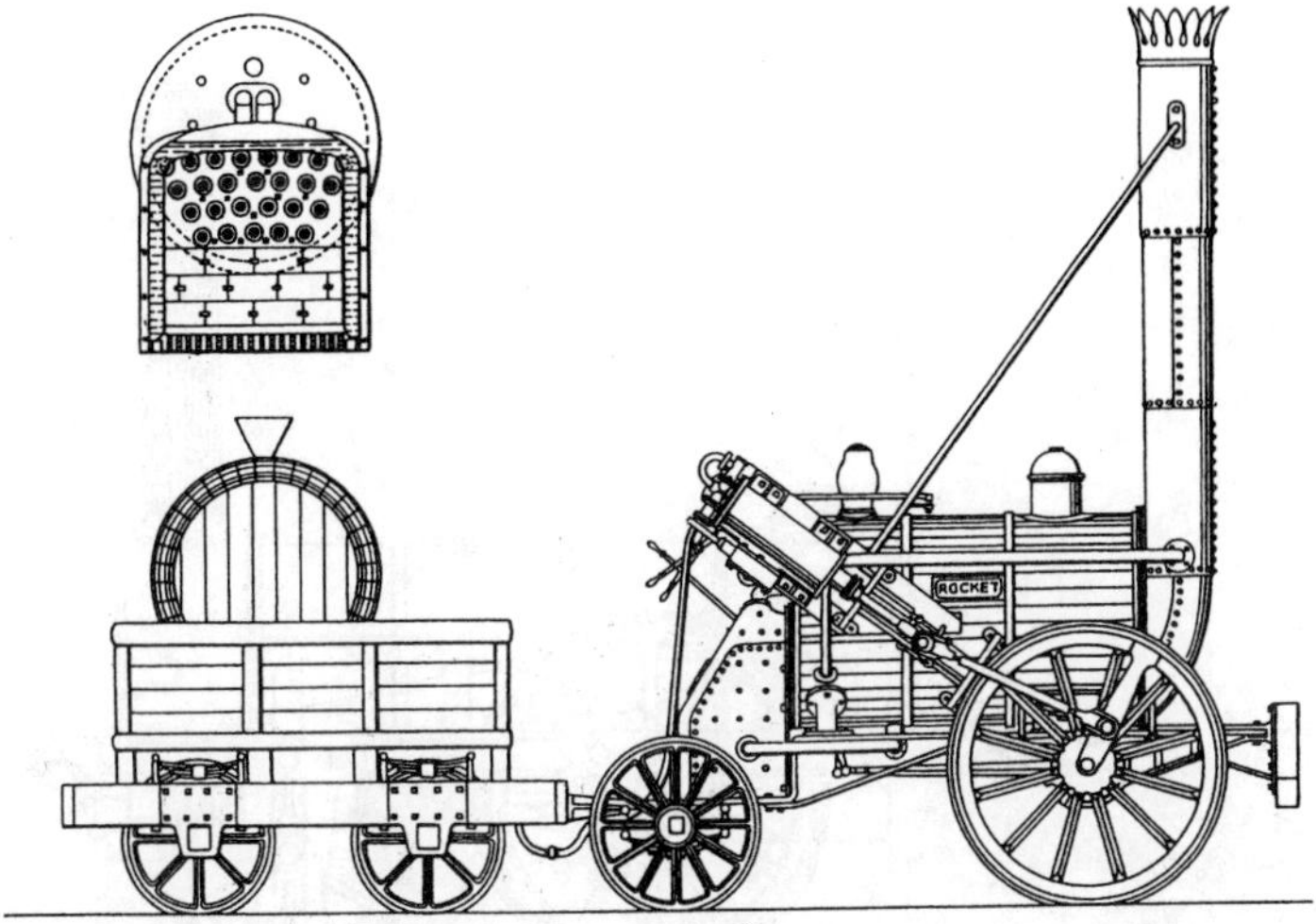

スティーヴンソン兄弟の作ったロケット号（1829年）

あったリヴァプールには大量の綿織物が、馬や荷馬車あるいは運河をゆく舟によって運ばれていました。しかし、馬では往復に一日を要し、運河の舟なら、小さいとはいえ多量の荷物を運べるものの、さらに時間がかかりました。そこでリヴァプールとマンチェスターを直線的に結ぶ鉄道を建設して、運河で三六時間かかっていた所要時間を四、五時間に縮めようという計画が浮上したのです。線路を敷くには、土地所有者と交渉し、谷に橋をかけ、丘を切り開かなければならないなどかなりの問題がありましたが、一八二九年に開通にこぎつけます。

問題は、貨車を牽引する方法でした。当時、いくつかの鉱山では定置型の蒸気機関を使ってウインチで貨車を牽引していました。この方法か、計画に参加していたスティーヴンソンの主張する蒸気機関車か、いずれの牽引法をとるかを決めるため、五〇〇ポンドの賞金をかけて、制限内の自重で、自重の

ロバート・スティーヴンソンの作ったリヴァプール・マンチェスター鉄道のプラネット型蒸気機関車（1832年）

三倍の荷物を引いて時速一〇マイル（一六キロメートル）以上で一・五マイル（二・四キロメートル）の区間を一〇回往復して優劣を争う競技会が行なわれることになりました。一八二九年一〇月一日にリヴァプール近傍のレインヒルで開かれた競技会には五台の機関車が参加しましたが、うち一台は馬で牽引するものであったため失格となり、スティーヴンソンのロケット号、ジョン・ブレイスウエイトとジョン・エリクソンのノヴェルティ号、ティモシー・ハックウォースのサン・パレイル号、ティモシー・バストルのパーセヴァランス号の四台が優劣を競うことになりました。七・七トンのノヴェルティ号と四・七七トンのサン・パレイル号はそれぞれ毎時一三・八マイル（二二キロメートル）と一六マイル（二五・六キロメートル）の速度を出しましたが、中途で故障して競技を完了できませんでした。またパーセヴァランス号は時速六マイル（九・六キロメート

スティーヴンソンの作ったパリ・オルレアン鉄道のノース・スター型蒸気機関車（1843 年）

ル）しか出せず、辞退しました。結局、残った自重四・二五トンのスティーヴンソンのロケット号が、一二・五トンの荷物を引いて平均速度一三・八マイル（二二キロメートル）、最高速度二四・一マイル（三八・六キロメートル）で完走し、賞金を獲得したのです。

ロケット号の設計者はジョージ・スティーヴンソンといわれていますが、実際は彼の息子のロバートがニューカッスルで造ったものです。この機関車の成功の原因は、燃焼ガスを通す直径三インチ（七・六センチメートル）の銅パイプ二五本を入れた火管式ボイラーを採用したことと蒸気の排気を煙突に吹きだして、通風を促進したことにありました。以来、一世紀以上にわたってこの方式が蒸気機関車の古典的形式としてずっと使われ続けます。しかし、ロケットの縦型のシリンダーは安定が悪いことがわかって、シリンダーを水平に置く方式にとってかわられます。

リヴァプール・マンチェスター鉄道は一八三〇年九月に開業し、やがて毎日一〇〇〇人が利用するようになります。この成功によって、以後、世界各地で鉄道の建設が始まると同時に機関車の改良が急速に進みます。一八三八年にロバート・スティーヴンソンは、高速運転が可能なように動輪の直径を大きくした機関車を設計します。そのうちの一つノース・スターは、動輪の直径七フィート（二・一メートル）、自重二一トンで、八〇トンの貨物を引いて毎時三〇・五マイル（四八・八キロメートル）で走り、四五トンの貨物であれば毎時三八・五マイル（六一・六キロメートル）の速度を出すことができました。この型の機関車は一八四〇年から一八四二年にかけて五〇台造られています。

イギリスは鉄道建設の先進国でした。一八三〇年にリヴァプール・マンチェスター間に公共鉄道が始まって以来、ロンドン・バーミンガム鉄道、グレート・ウエスタン鉄道など多くの会社が各地で建設を始め、イギリスに鉄道網が発達するようになります。ただ当時の線路の軌道幅（トラック・ゲージ）は、グレート・ウエスタン鉄道が七フィート二分の一インチ（二一四六ミリメートル）、スティーヴンソンの機関車が四フィート八インチ二分の一（一四三五ミリメートル）とまちまちで、相互乗り入れのできない区間があったため、一八四五年に軌道幅を統一する委員会が設立されます。異なる軌道幅の鉄道の試験運転など議論を重ねましたが、結論は出ませんでした。結局、いかにもイギリス的な解決法として、それまでに建設された距離の長かった四フィート八インチ二分の一の軌道幅が統一ゲージとして採用されました。このゲージは、くしくも古代ローマ帝国が道路を建設する基準とした

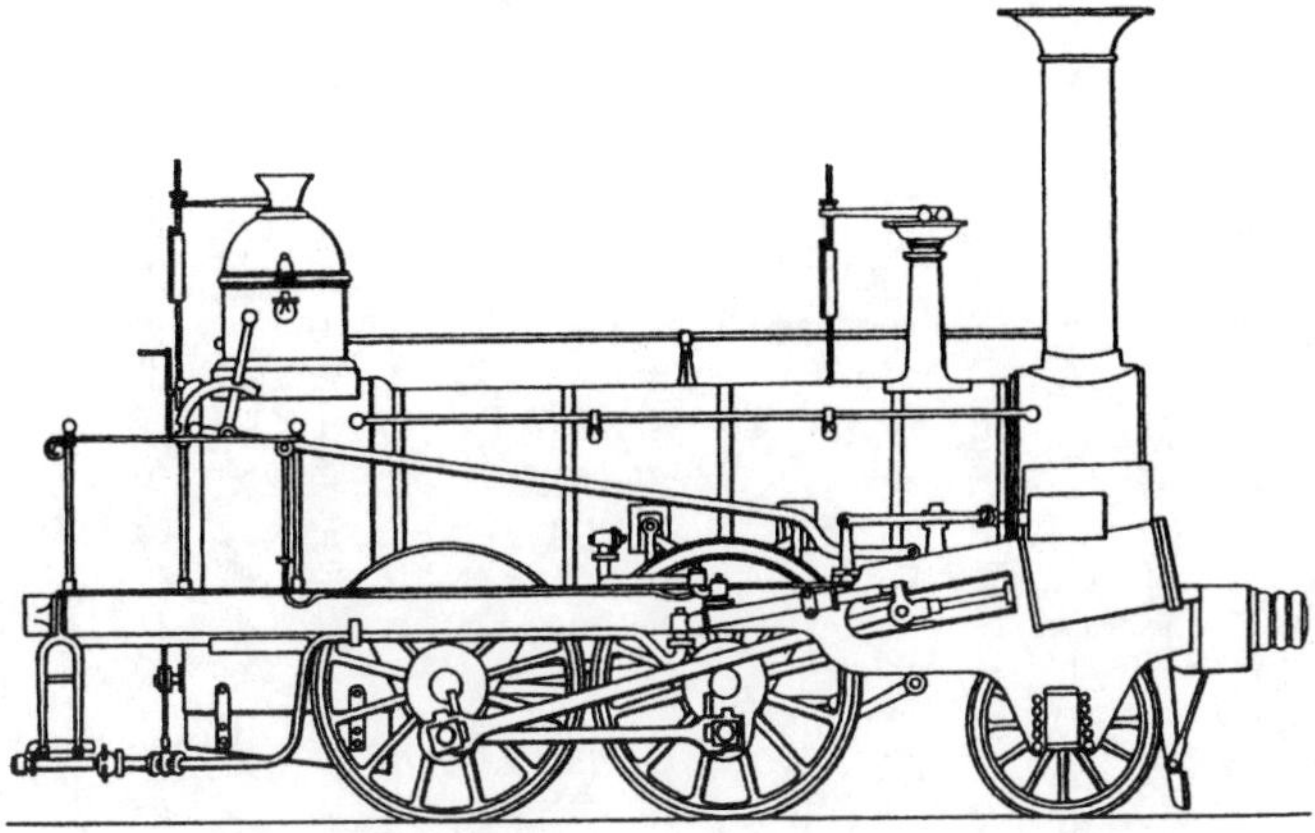

パリ・ルーアン鉄道の蒸気機関車（1844 年）

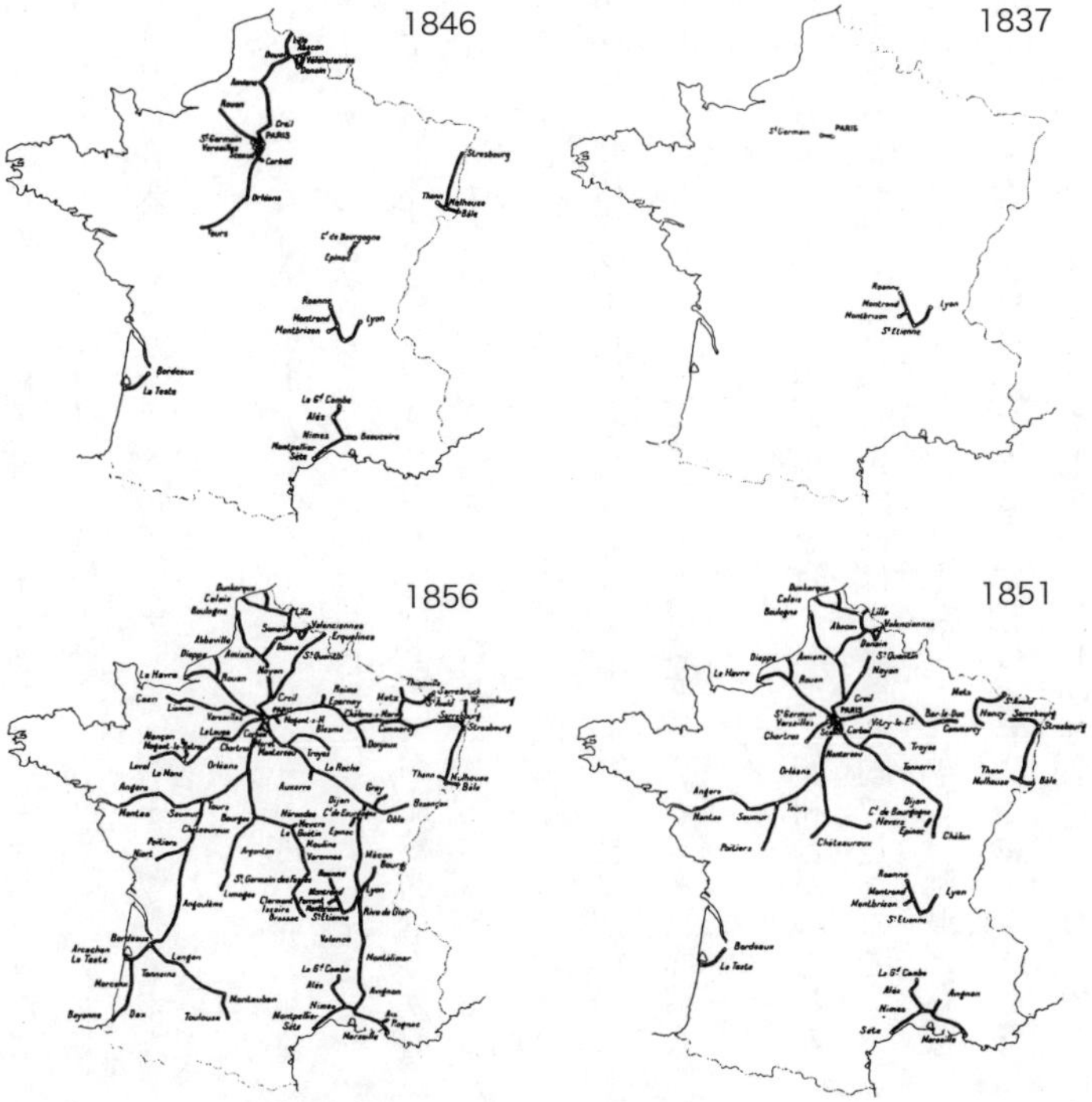

フランスにおける鉄道網の発展（1837 ～ 56 年）

馬車の軌道幅とほぼ同じです。現在使われている鉄道はこの幅を標準ゲージとしていますが、ほかにロシアでは五フィート（一五二四ミリメートル）、インドでは五フィート六インチ（一六七六ミリメートル）のゲージが使われています。日本のＪＲの在来線は三フィート六インチ（一〇六七ミリメートル）の狭軌、新幹線は標準ゲージです。

イギリスの鉄道総延長は一八四五年に一八〇〇マイル（二八八〇キロメートル）、一八四六年にはさらに四六二〇マイル（七三九二キロメートル）の建設が認められ、一八五〇年には六三九三マイル（一万二二九キロメートル）が建設中であったといいます。ヨーロッパ大陸ではドイツが比較的早く鉄道を建設し、一八四〇年に四八〇マイル（七六八キロメートル）の鉄道を持っていました。フランスはやや遅れますが、一八三〇年には一八・五マイル（二九・六キロメートル）、一八四〇年には二六四マイル（四二二キロメートル）、一八五〇年には一七八八マイル（二八六一キロメートル）と急成長し、一八五五年には鉄道網は二四〇〇マイル（三八四〇キロメートル）まで広がります。この数字は面積人口当たりではヨーロッパで第四位でした。

一八三〇年頃のアメリカは人口が一三〇〇万人しかなく、交通の便を良くして、便利さが得られる人口二万五〇〇〇人以上の都市も五市しかありませんでした。技術的にはまだ後進国でしたので、一八三〇年の鉄道総延長は二三マイル（三六・八キロメートル）しかありません。しかし、無限とも思われた開拓地が西方に広がっていましたし、枕木など鉄道建設に必要な素材は容易に手に入りました。土地の価格も安く、建設費はヨーロッパの四分の一、イギリスの七分の一にしかならなかったため、

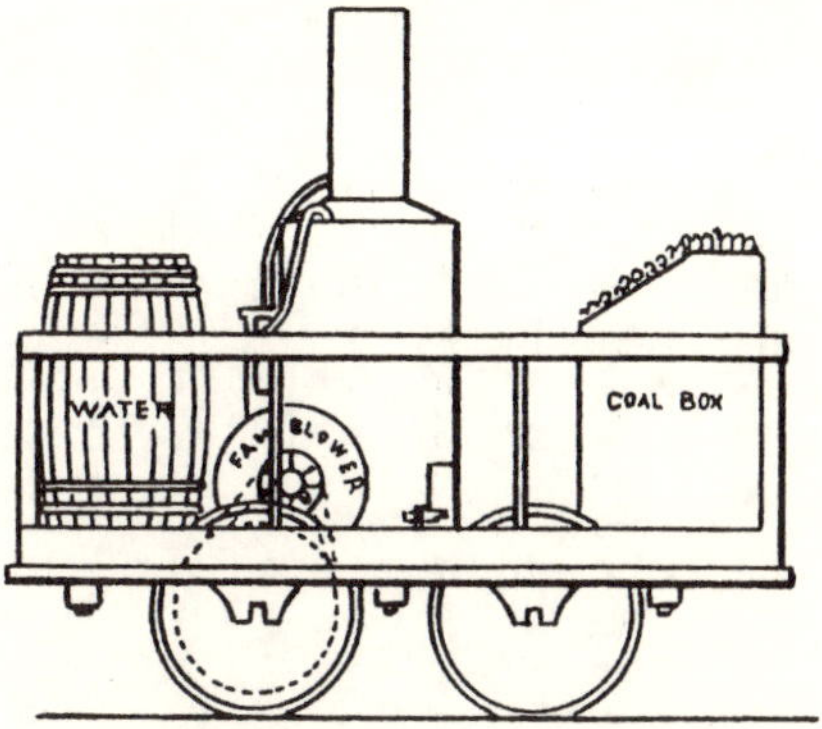

アメリカ最初の蒸気機関車（1830 年）

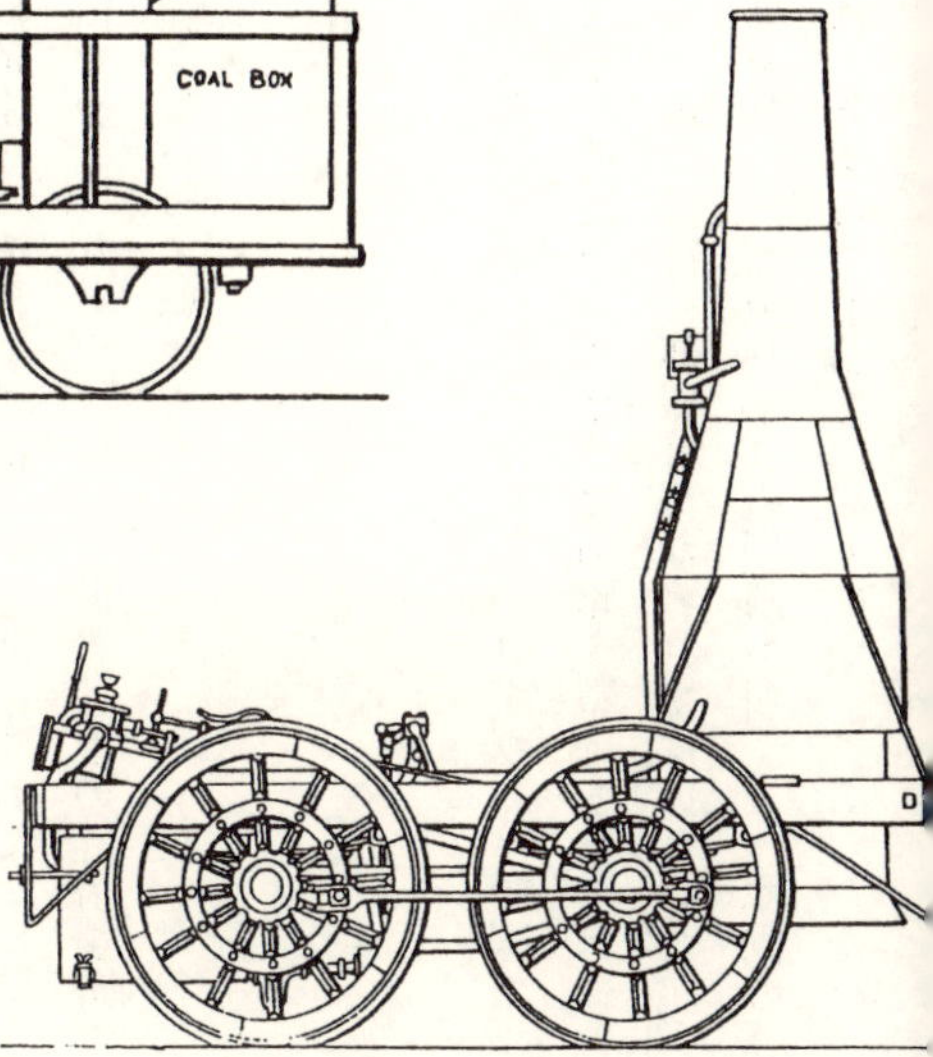

サウス・カロライナ鉄道の蒸気機関車（1830 年）

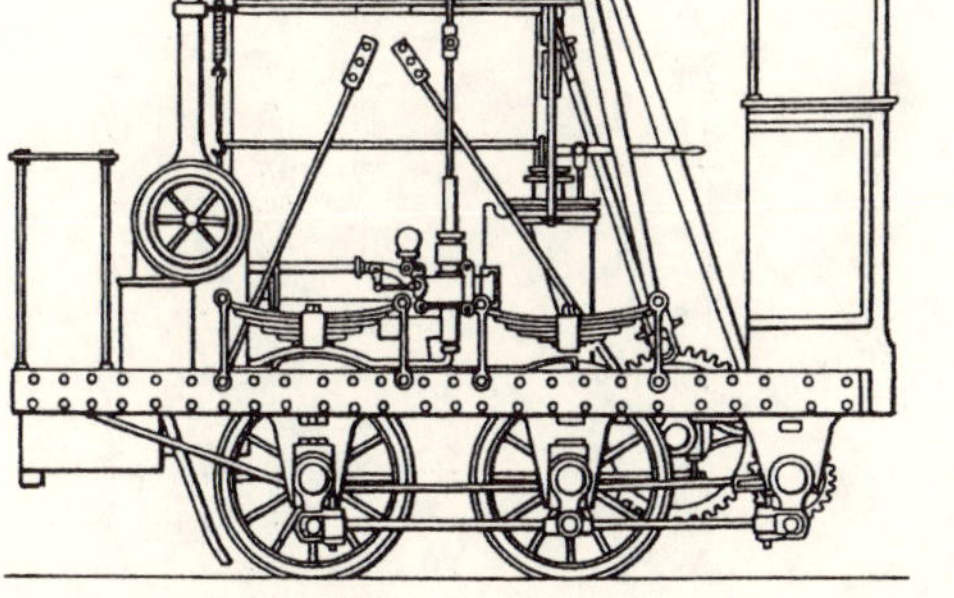

バルチモア・オハイオ鉄道の蒸気機関車（1834 年）

鉄道は開拓地に向け急速に伸びていきます。一八四〇年には二八一八マイル（四五〇九キロメートル）、一八五〇年から一八六〇年の間に総延長は九〇〇〇マイル（一万四四〇〇キロメートル）から三万六〇〇〇マイル（四万八九六〇キロメートル）へと増加し、ついに一八六九年には大陸横断鉄道が完成します。機関車ははじめイギリスから輸入されていましたが、アメリカの路線の状態が悪かったため、ヨーロッパ製の機関車はうまく適合できず、アメリカ独自の機関車の製造が一八三〇年から一八三七年にかけて始まります。

鉄道の発達は、それまで畜力や運河に頼っていた陸上交通に革命的な進歩をもたらし、海上交通の発展と相まって一九世紀における世界各地の経済を飛躍的に発展させ、その流れが二〇世紀の機械文明の興隆に繋がっていきます。

自動車

当時の先進国であったイギリスやヨーロッパ諸国ですら、荷物や人を運ぶ目的で車輪をもつ車を安全かつ快適に運行できるように道路を整備するのは一九世紀半ば以降のことです。それまでも馬車や牛車による重い荷物の運搬は行なわれてはいましたが、土や砂利で造られていた当時の道路では車輪は泥にはまり、また上り下りの傾斜も多くて、車両の通行にはまったく適していませんでした。馬車の交通はいたずらに道路を傷めるばかりであったため、かつての日本の街道がそうであったように、人も荷物も馬の背に乗せて運ぶのが常でした。

道路の整備で著名なのは、イギリスのジョン・ロウドン・マカダム（一七五六―一八三六年）です。砂利ではなく、砕石を敷いて固めて道路を舗装する彼の方法は、その後の道路建設の基本となりました。道路を建設するにあたって、道路の勾配を小さくする必要性を示したのはトーマス・テルフォード（一七五七―一八三四年）です。道路整備についての研究と実験は、イギリスでは一九世紀始めから、ヨーロッパ大陸では一八三〇年ごろから行なわれ、ヨーロッパの先進国は主要な道路網を一八三〇年から一八八〇年の間にほとんど完成させました。

こうして道路上を走る動力駆動の交通機関出現の条件は整いました。最初に現われたのは蒸気機関で道路上を走る蒸気車です。

すでに述べたように、イギリスでは高圧機関の開発者トレヴィシックが蒸気車を作り、一八〇一年に実際に走らせました。しかし、道路の凹凸のために故障して、蒸気車は失敗に終わりました。翌年、彼は高圧機関と蒸気車の両方にまたがる特許をとっています。

一八〇三年にトレヴィシックは蒸気車をもう一台製作し、宣伝にロンドン市内を走行しました。これについては、組み立てを行なったホルボーンのレザー・レインからパディントンまでの数マイルを数回往復したこと以外には何もわかりませんが、どうやら世間の関心をひかなかったようです。世間も路面の状態もこのような新機軸を受け入れるにはまだまだ時期尚早だったのです。

イギリスで蒸気車についてさまざまな試みがなされるのは、一八三三年にチャーチが蒸気車を作っ

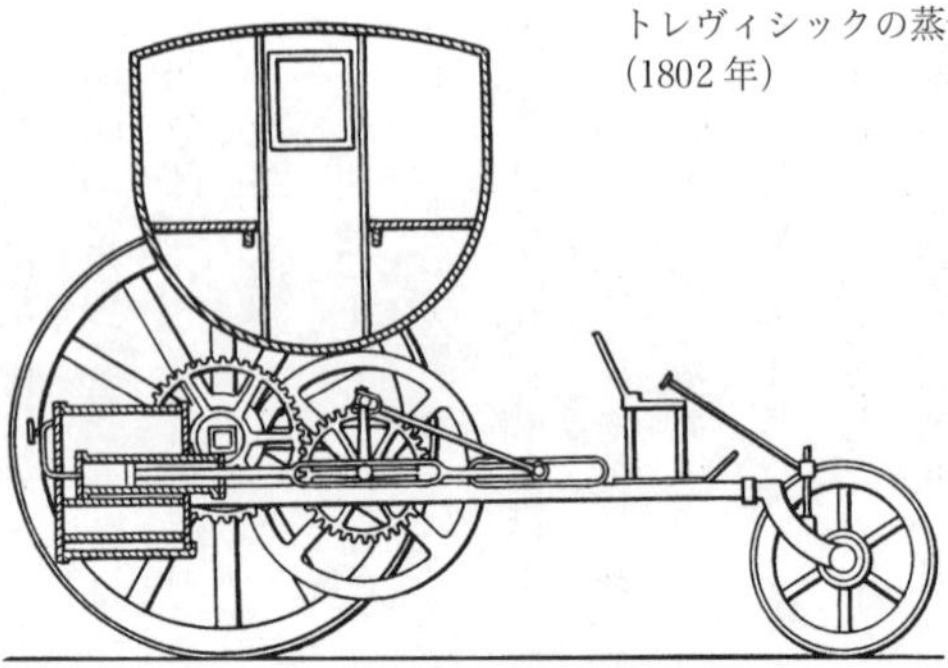

トレヴィシックの蒸気車
(1802 年)

ロンドン・バーミンガム間を走ったチャーチの蒸気車
(1833 年)

ウオルター・ハンコックの蒸気車

て、ロンドンとバーミンガムの間を走らせて以来のことです。バーミンガムではウオルター・ハンコックが九台の蒸気車を作り、公共交通に用いて、三カ月間に四〇〇〇人を運んだといわれています。ハンコックははじめて蒸気車に高圧蒸気機関を採用したのですが、そのうち一台がボイラーを爆発させる事故を起こし、多数の死傷者を出しました。

この事故が一八六一年のいわゆる赤旗法の制定に繋がったといわれています。赤旗法は、蒸気車の速度を市内では毎時二マイル（三・二キロメートル）以下、郊外でも毎時四マイル（六・四キロメートル）以下に制限し、車の前方を赤旗を持った人が先導して、危険物の接近を知らせなければならないことを定めたもので、一八六五年にはさらに厳しくなりました。路上を走る蒸気車には高い税金が課されたうえ、当時の道路事情は路上に車を走らせるにはまだ十分ではなかったこともあって、イギリスでの蒸気車の発展は止まってしまいます。

一九世紀後半に鉄道網が発達するにつれて、陸上交通の主力は鉄道に移り、道路の建設は下火になり、補修もおろそかになります。アメリカでも一九世紀は鉄道の時代で、国土を縦横に走る長距離のハイウエイが建設されるのは二〇世紀になって内燃機関による車、つまり自動車が登場してからのことです。

小型、軽量で高速の内燃機関を開発したのは、ゴットリーブ・ダイムラー（一八三四―一九〇〇年）です。一八八五年にガソリンを気化して空気と混合する表面気化器を考案して、ガソリンを内燃機関の燃料とする道を開いたのもダイムラーです。一八八九年にダイムラーはV型二気筒四行程サイクル

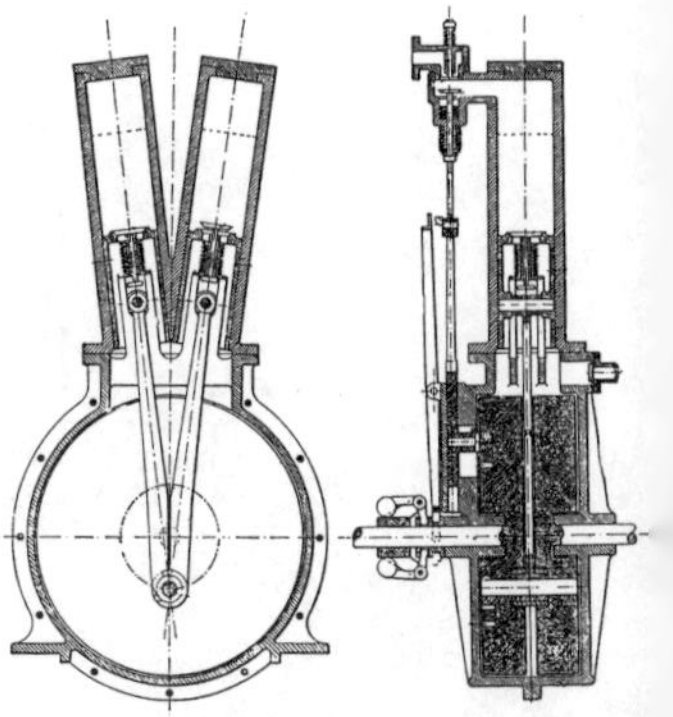

ダイムラーのV形2気筒ガソリン・エンジン（1889年）

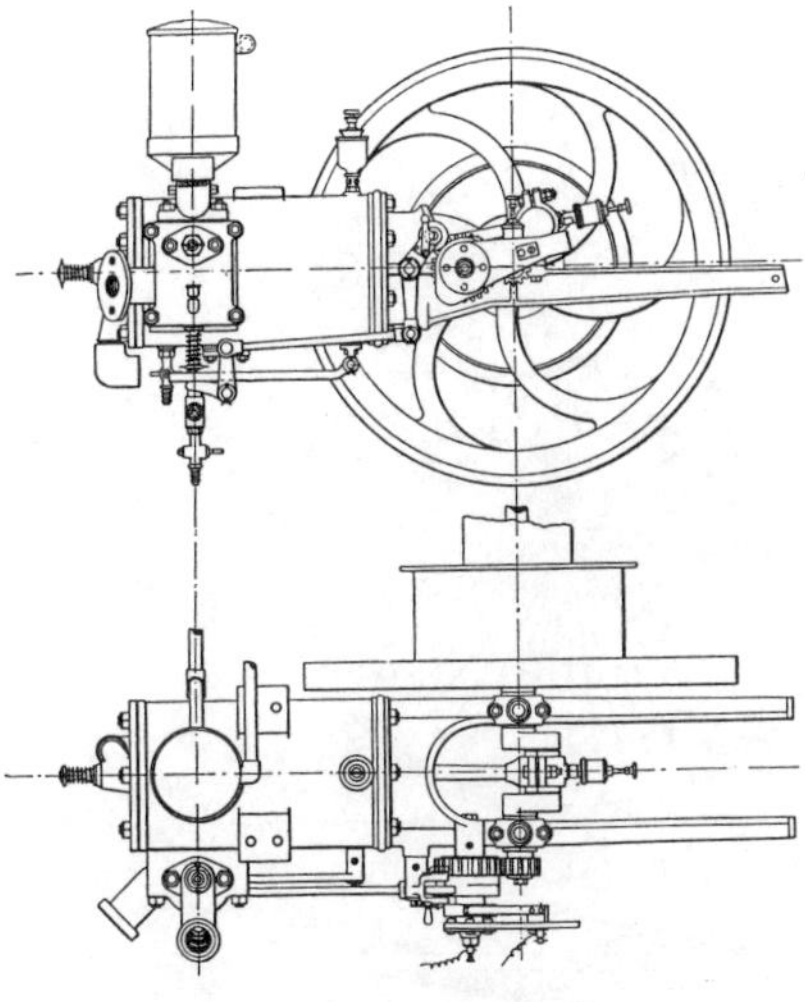

ベンツの3.5馬力単気筒水平型ガソリン・エンジン（1893～1901年）

のガソリン・エンジンを造ります。このエンジンはかなりの数が造られ、当時、試作されていた自動車のエンジンとして、また定置エンジンとして用いられました。ダイムラーと同じ頃、カール・ベンツは、低い回転数ではありましたが、三・五馬力のガソリン・エンジンを積んだ三輪自動車を造ります。これが世界で最初に造られたガソリン自動車です。

　ガソリン・エンジンの発達に重要な役割をした浮子《フロート》式気化器を一八九三年に発明したのは、ウイルヘルム・メイバッハです。彼の原理による気化器は、その後、長い間ガソリン・エンジンの主要部品として用いられることになります。ダイムラーに始まる高速内燃機関はさまざまなところで造られますが、なかでもフランスのド・ディオン・ボートンで一八九五年に造られた小型高速の空冷単気筒一・七五馬力のエンジンは、自社の三輪自動車用に造られたものですが、その後、世界中の多くの自動車製造所に

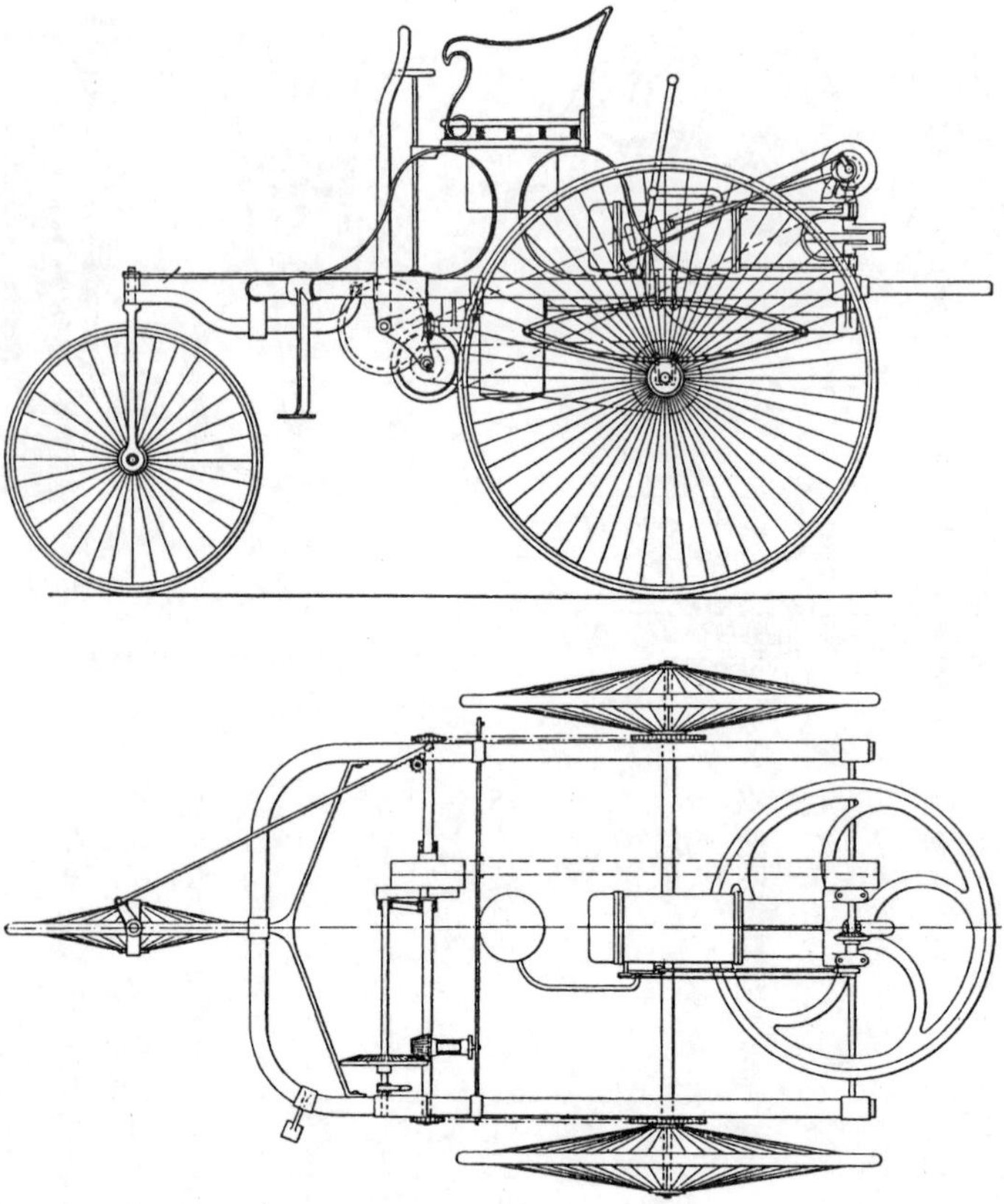

ベンツの最初の3輪自動車（1885年）

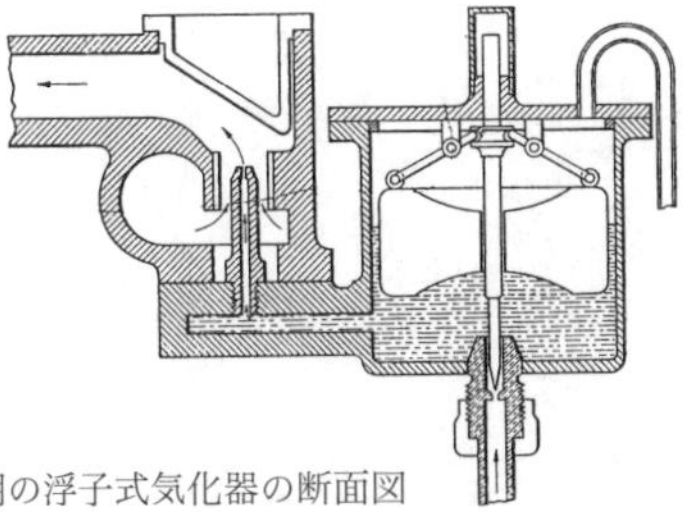

初期の浮子式気化器の断面図

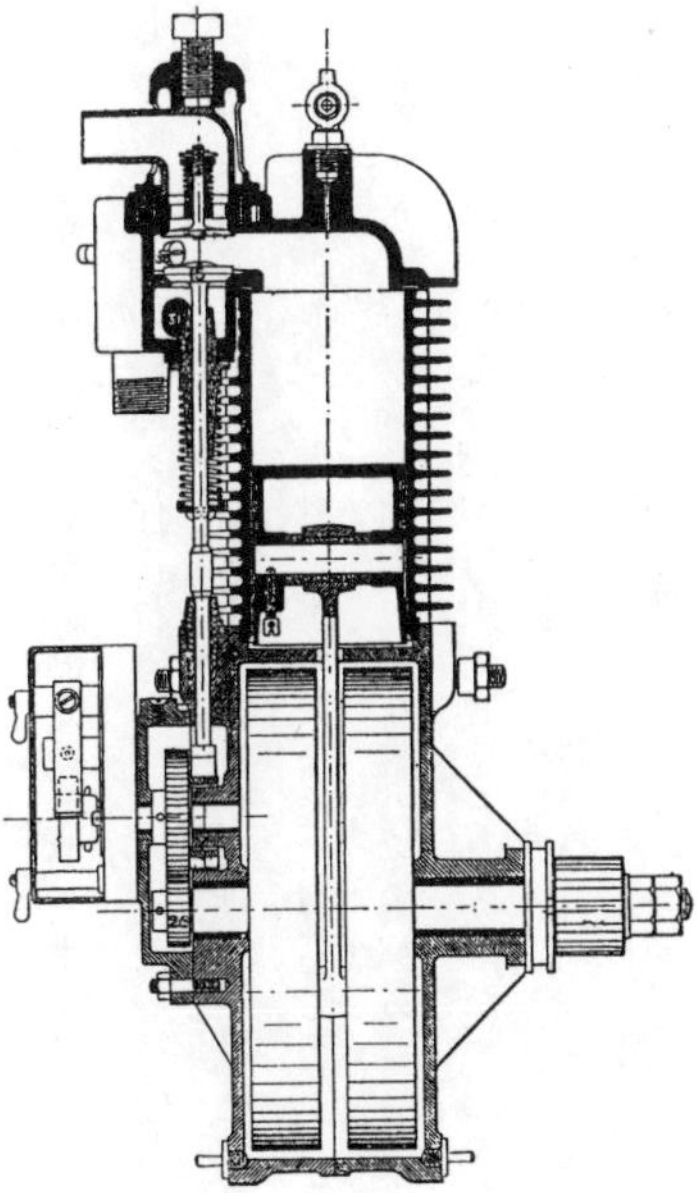

ド・ディオン・ボートンの空冷単気筒1.75馬力のエンジンの断面図（1899年）

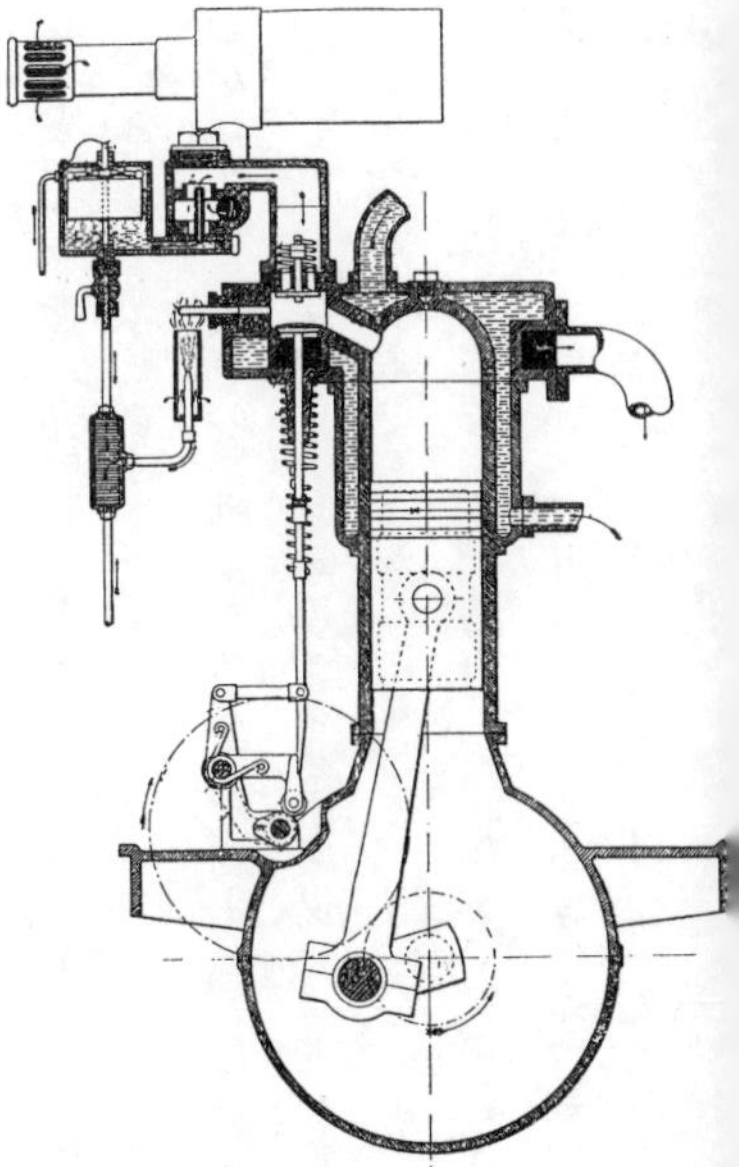

浮子式気化器を備え，熱管点火方式を採用したダイムラー・ガソリン・エンジン(1899年)

供給されています。このエンジンは、後の空冷単気筒のエンジンの先駆といえます。

このように一九世紀の終わりに新しい内燃機関が続々と作られるようになった一つの背景としては、鉄鋼産業の技術革新が進み、一八六〇年にヘンリー・ベッセマーが溶けた銑鉄に空気を吹き込んで、鋼を大量に生産できる転炉を発明したため、内燃機関の素材に不可欠な鋼が容易に手に入るようになったことがあります。鋳鉄技術の発達とウイルキンソンの精密中ぐり盤の完成があったからこそワットの蒸気機関が生まれ、成功したように、素材としての鋼が自由に使えるようになったことに加えて、それを加工する精密工作技術が発達していたからこそ、新しい内燃機関が実用になるまでに成長したのです。一九世紀終わりから二〇世紀初頭にかけての自動車の製造ブーム（ダイムラー、メルセデス、オペル、ルノー、プジョー、フィアット、オールズモビール、キャディラックなどは今でも耳にします）にのって、内燃機関は自動車用のエンジンとして急速に発展し、ド・ディオン・ボートン社は一九〇八年に早くもV八気筒三五馬力のエンジンを製作するまでになっています。

自動車は、それまで馬の背に頼るしかなかった人々の移動手段に大きな変化をもたらしました。自動車の大衆化に大きな影響を与えたのは一九〇八年にアメリカのヘンリー・フォードが製造したT型フォードです。この車は、前身のK型が二五〇〇ドルであったのに対して、五〇〇ドルという手に入れやすい価格で販売され、自動車の利用を一気に広めました。初めて流れ作業で製造されたT型フォードは、一九二七年に製造が打ち切られるまで、当時のアメリカでの自動車総生産台数のほぼ半分にあたる一五〇〇万台を超える台数が生産され、アメリカにおけるその後の自動車文化の発展を象徴す

ベンツ社製ヴェロ（1896年）単気筒エンジンを搭載した最初の普及車（価格2000マルク）

最初のルノー社製自動車（1898年） ド・ディオン・ボートン社製のエンジンを搭載し，販売価格は3000～3500フランで，商業的に成功しました

ロールス・ロイス社製シルヴァー・ゴースト（1906年）6気筒エンジンを積み，時速100キロメートルをだしました

T型フォード
（1909年）

る車となりました。

このような自動車の普及は、二〇世紀、とくにその後半の生活を一九世紀以前とはまったく異なったものにしていきます。世界的なモータリゼーションは、第二次大戦後の二〇世紀後半に起こります。そのため、いま私たちが享受しているように、自家用車やバス、トラックによる交通・輸送は、格段に迅速にかつ便利になり、経済は急速に発展しました。しかし、現在の日本ですら自動車の保有台数が人口二人に対し一台にもなるほどの自動車の過密状態は、便利さを通り越して、自動車を利用することの負の側面、すなわち排気ガスによる大気汚染や交通量の増加に伴う騒音、粉塵などの弊害を生じ、社会問題化し、グローバルな環境汚染の原因の一つとなっています。

航空機

ギリシア神話のイカルスのように、鳥のごとく自由に空を飛びたいという願望は歴史の初めから人々の中にありました。一四九〇年ごろにレオナルド・ダ・ヴィンチは人力で空を飛ぶ機械の有名なスケッチを描いていますが、これは実際に作られていませんし、もし作られていたとしても、おそらく空を飛ぶことはできなかったでしょう。

人がはじめて地上を離れて空に浮かんだのは、空気より軽い航空機つまり気球によるものです。一七八三年にフランスのモンゴルフィエ兄弟が製作した熱気球は、六月五日の無人のテストの後、一〇

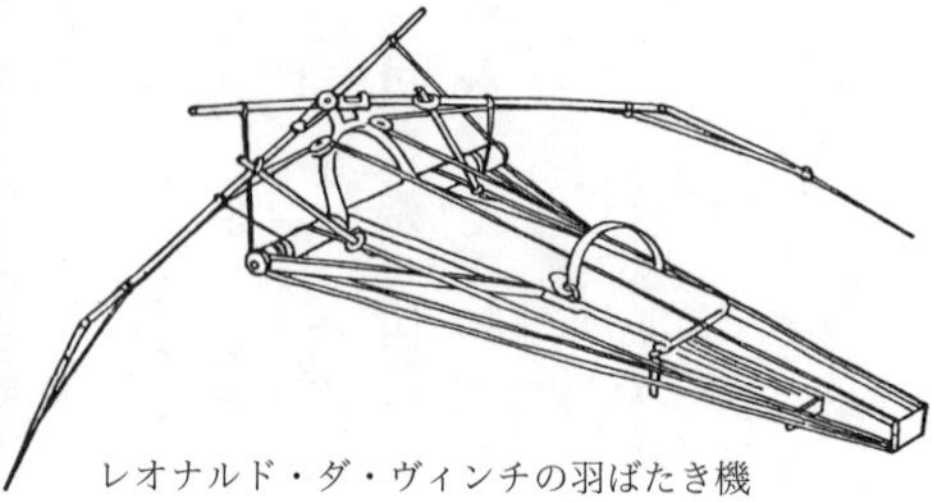

レオナルド・ダ・ヴィンチの羽ばたき機

モンゴルフィエ兄弟の熱気球（1783 年）

シャルルの水素気球（1783 年）

月一五日にはじめて人を一人乗せて空に浮かびました。直径一六メートル、高さ二五メートルの巨大な気球は紙で作られており、熱の取り入れ口は直径五メートル、その中央にわらを燃やす鉄の籠がつるされていました。計算では約八〇〇キログラムの浮力が得られるはずでした。この日は係留実験で、高度は二六メートルであったといいます。同じ年の一一月二一日に兄弟の熱気球は二人の人を乗せ、パリのブローニュの森から二五分間、九キロメートルの自由飛行に成功しています。その後、当時、発見されたばかりの水素を用いた気球により高度三〇〇〇メートルまで上昇したフランスの物理学者シャルルをはじめ、多くの人が気球の実験を行なっています。

空気より重い航空機、すなわち動力による飛行機は、一九世紀後半からさかんに研究されています。しかし、当時、入手できる動力は蒸気機関しかなかったため、空を飛ぶには重すぎて、ほとんどが失敗に終わりました。ただ一つ可能性のあったのはアメリカのサミュエル・ラングレーの製作したエアロドローム号です。重量約一二キログラム、翼長四・二メートルの無人の試作機は、一馬力のガソリン・エンジンを積んで一三〇〇メートルの飛行に成功しました。これがガソリン・エンジンによる初めての飛行実験でした。人を乗せることのできる試験機は、翼長一四・五メートル、五二・四馬力のガソリン・エンジンを搭載し、操縦士を含めた重量は三四〇キログラムでした。最初の飛行試験は一九〇三年一〇月七日に行なわれましたが、カタパルトの故障で機体が引っかかり失敗、一二月八日に行なわれた二度目のテストでは尾翼が破損して失速、墜落してしまいました。どちらのテストも航空機自体というよりはカタパルトの欠陥による失敗と思われますが、ラングレーの試みはここで終わっ

エアロドローム号とその墜落の瞬間（1903年）

てしまいます。

　ライト兄弟が動力による飛行をはじめて成功させたのは、ラングレーの二度目のテストが失敗した日から九日後の一九〇三年一二月一七日のことです。アメリカ、ノース・カロライナ州のキティホークの砂丘で毎秒一〇メートルの向かい風の中、一二メートル滑走して離陸、一二秒間地上を離れ、静止空気に対して換算した距離にして一六二メートルを飛びました。同じ日、繰り返された飛行での最長記録は、五九秒、二五五メートルです。

　オーヴィル（一八七一―一九四八年）とウィルバー（一八六七―一九一二年）のライト兄弟は、父親から小さな飛行機の模型をもらった少年の日から飛行に興味を持っていました。自転車の製作を始めた一八九九年から一九〇二年にかけて兄弟は空気力学の資料を取り寄せ、グライダーを試作して実際に飛ばしています。さらに正確なデータを得るために風

キティホーク・フライヤー号の初飛行（1903年12月17日）

洞を自作し、空気力学の実験を行なって、効率のいい翼型を調べています。このような準備の下に完成したのが翼長一二・一メートル、重量約三四〇キログラムの機体で、搭載する四気筒一二馬力、重量約八一キログラムのエンジンも自分で製作しています。これが世界最初の動力有人航空機フライヤー号です。

この形式の航空機は以後改良されて数機が作られ、一九〇九年にはアメリカの軍用機として採用されました。一九一一年に最初のアメリカ大陸横断飛行が行なわれていますが、満足な飛行場も計器も気象情報もなかった当時、七〇回もの離着陸を必要とした航空機による大陸横断は大変な事業であり、補修を重ねた結果、最後にはもとの部品はほとんど残っていなかったといいます。

航空機がはじめて戦争に使われたのは、一九一四年から一九一八年まで続いた第一次世界大戦です。その結果、航空機の技術は急速な発展をとげ、初期には一〇〇馬力に達していなかったエンジンも最後には三六〇～四〇〇馬力のものが作られ、操縦性能も格段に進歩しました。こうして第一次大戦後、航空機は十分信頼のおける実用的な交通手段として認識され、一九一〇年代後半にはアメリカで郵便の輸送に用いられるようになります。一九二〇年代には航空エンジンの信頼性も高まり、航空計器の精度も向上して、大西洋横断飛行、アメリカ大陸横断飛行、世界一周飛行などの長距離飛行が行なわれます。

なかでも有名なのが、一九二七年五月二〇日にニューヨークを離陸してパリへの無着陸飛行を成功させたチャールズ・リンドバーグです。二二五馬力のエンジンを装備したリンドバークのスピリット・オブ・セントルイス号は、一七〇七リットルのガソリンと七五・五リットルの潤滑油を積み、三三・五時間、五八〇〇キロメートルの飛行の後、パリのル・ブールジェ空港に到着しました。この時、彼の用いた計器は、大西洋を横断して五キロメートルの誤差しかなかったといいます。

第二次世界大戦では航空機がまたしても主役となり、大型爆撃機による大規模な空爆、航空機による艦船への攻撃など航空戦力として大きな役割を果たしました。この時期までにはプロペラ推進の航空機は、エンジンの出力が二〇〇〇馬力を超え、速度も毎時五〇〇キロメートルに近づいており、プロペラの周速は音の速度を超えられないという空気力学的に可能な極限にまで達していました。

この戦争の末期に航空エンジンにとって革命的な発明がなされます。プロペラの限界を破るジェット・エンジンの開発です。イギリスとドイツで開発が進められていましたが、実用機体にまで完成させたのはドイツです。ガソリン・エンジンがシリンダーの中でガソリンを燃やし、その圧力をピスト

スピリット・オブ・セントルイス号（1927年）

ンに伝えて動力を発生させるのに対して、ジェット・エンジンは、高圧・高温の燃焼ガスの流れによるエネルギーでタービンを回し、動力を得ます。ガス・タービンの出力でコンプレッサーを駆動して空気を圧縮し、燃焼器で高温・高圧のガスとしてタービンを回すガス・タービンの原理は、すでに実用となっていた蒸気タービンと同じですが、蒸気と違って燃焼ガスが一〇〇〇度を超えるため、高温に耐えるタービン翼を作るのが困難でした。さらに取り込んだ空気を効率よく高圧にまで圧縮するコンプレッサーの設計も困難の一つでした。これらの困難をうまく解決できれば、ガス・タービンを駆動した後の燃焼ガスにエネルギーが残るようにすることができます。ジェット・エンジンはこの排気を高速で排出して、その反動を航空機の推進力としています。ジェット・エンジンの推進力は、機体の速度が排出ガスの速度の二分の一の時、総合効率が最大になります。

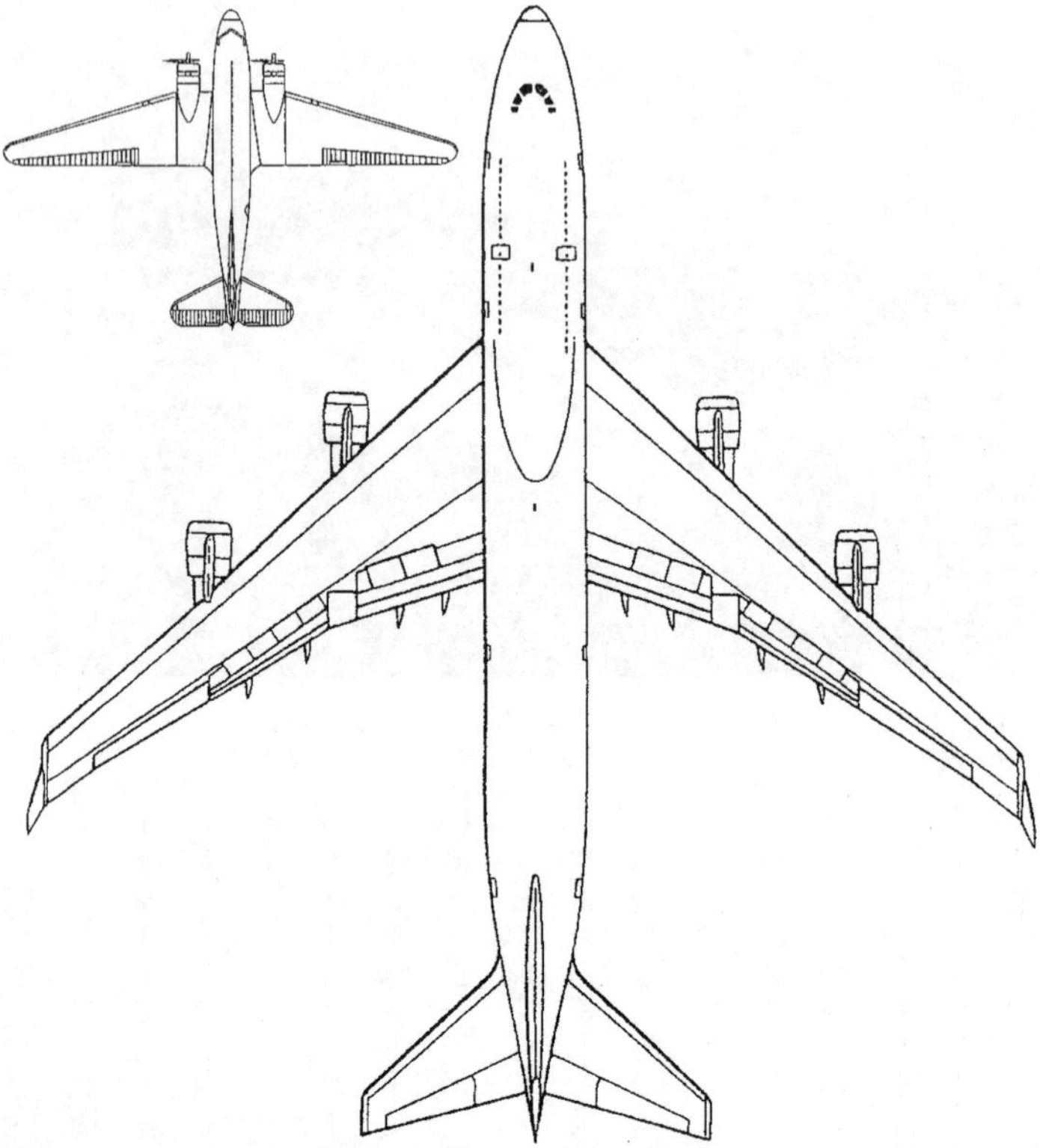

DC3（左）と B747-400（右）
1935 年に初飛行した DC3 は 1 万機以上製造された傑作旅客機（全幅 28.96m，全長 19.66m），1969 年に初飛行した B747 はジャンボの通称で知られる世界最大のジェット旅客機（-400 は全幅 64.44m，全長 70.67m）

音の速度と同じ速度をマッハ一といいます。現在、私たちのよく知っている旅客機の一つ、ジャンボジェットB七四七などは、ジェット・エンジンを装備してマッハ〇・八五程度の速度で運行していますが、マッハ二を超える軍用機は珍しくありません。これだけの高速を得るには、エンジンからの排気速度が音速の何倍にもなっている必要があります。このような高速のガスの流れを作り出すため、蒸気タービンのところで触れたように、排気ノズルを末広がりにするド・ラヴァル・ノズルが使われています。

二〇世紀後半にジェット旅客機による路線網が世界中に張り巡らされた結果、輸送手段としては船舶や鉄道よりも航空機が主役となり、人ばかりでなく物の輸送も航空機に頼ることが多くなっています。

ジェット・エンジンも浮力を得るための翼も空気がなければ働かないので、航空機は地球の大気の中を移動する輸送手段でしかなく、空気のない宇宙空間では使えません。宇宙空間を旅するには、燃料も酸化剤も自分の中に持ち、燃焼ガスの噴射の反動で飛ぶロケットでなければなりません。現在、実用になっているのは、水素を燃料とし、酸素を酸化剤にするロケットが主流です。これが火の利用の最終形態ということができます。地上三万六〇〇〇キロメートルにあって、気象情報を知らせてくる衛星も、テレビ中継をする衛星も、そして宇宙ステーションを建設するスペースシャトルも、すべてロケットによって打ち上げられています。太陽系の中の惑星を探索して戻ったり、はるか太陽系を離れた宇宙を旅して、別の恒星まで旅するには、もう少し進んだロケットが必要になるかもしれません。それは、今後に残された私たちへの課題です。

6 災害としての火

火災

人が火を生活の中に取り込み、利用して文明を築いてきた道筋をこれまでたどってきました。しかし、火はそのような建設的な有用な存在として私たちの歴史にあるばかりではありません。火にはすべてを焼き尽くし、滅ぼしてしまう恐ろしい反面があるのです。一九二三年の関東大震災時の火災は東京の大半を焼き尽くし、九万九〇〇〇人の死者、四万三〇〇〇人の行方不明者、一〇万人以上の負傷者を出しました。最近の例では一九九五年一月の阪神・淡路大震災があります。死者は六四三〇人、負傷者は四万三七七三人に達しています。この二つの地震とも地震の後に大きな火災が発生して、犠牲者の多くは地震そのものよりも火災によって命を奪われたのです。

火災は、私たちにとって火による災害として最も身近なものです。日本の最近一年間の火災発生数は六万三〇〇〇件余で、火災が原因の死者は二二〇〇人を数えます。現在の日本では消防設備が充

明暦の振袖火事（『むさしあぶみ』1661 年刊）

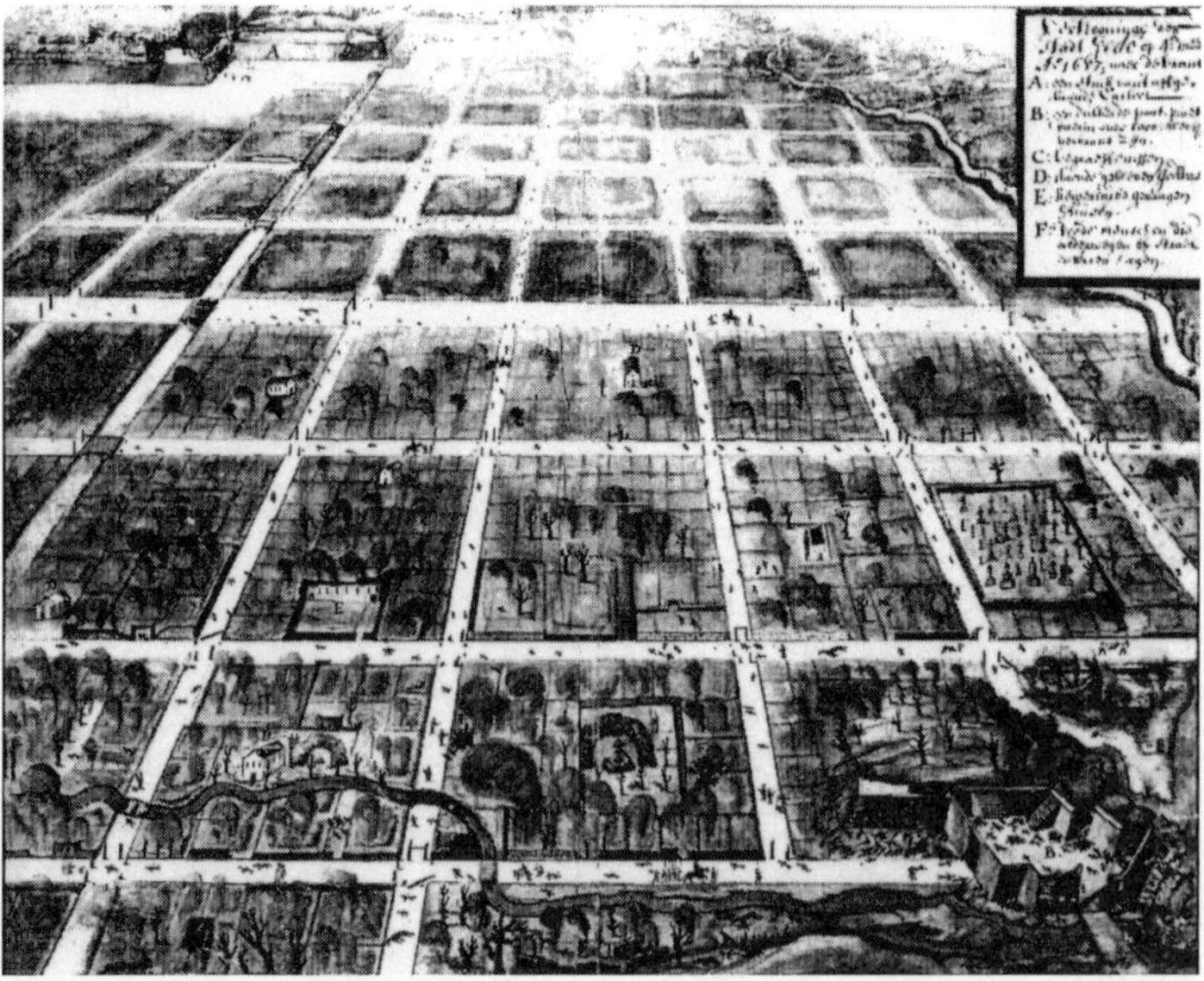

明暦の振袖火事で焼け野が原と化した江戸

実していますので、世界的に見れば火災による被害は少ないほうです。しかし、歴史的に見れば、火事と喧嘩は江戸の華といわれたように、江戸時代には一〇万人にも及ぶ死者を出した明暦の振袖火事（一六五七年）、お七火事（一六八二年）、明和の目黒行人坂の大火（一七七二年）など江戸の町の大半を焼き尽くして、後世にまで語り継がれるような大火が、ほぼ三〇年に一度起こっています。原因の一つは、江戸の人口が稠密で家が建て込んでいたことと江戸初期の屋根の素材が燃えやすい木製であったことに求められます。

火災の最初の些細な始まりを不注意に見過ごしたために、大きな火災にまで発展させてしまった一つの例は、一六六六年のロンドン大火です。パン屋の焚き付けを入れた小屋が燃えているのに気づいたのは午前二時、午前三時に市長に報告がなされた時、市長がそのような小さな火は女手でも消し止められようといって寝てしまった結果、一万三〇〇〇の家屋と一〇〇の教会、五二の公共施設などを焼き尽くす大火となったのです。もっとも、この大火のおかげで、当時、ロンドンを襲っていたペストの流行が下火になったというおまけがついています。

室内の火元から発生する火災の場合、最初の炎が上がってから、数分後には煙は天井に達し、やがて部屋の上半部分は有毒な燃焼ガスに覆われます。無事に逃げられるのはこの段階までで、それから二、三分後には煙は床にまで達します。こうなると避難するのは困難になります。そして数分後に不完全燃焼の煙の温度が自然発火点に達して、部屋全体が爆発的に炎に包まれるフラッシュ・オーバーが起き、もう手のつけようのない状態になります。タバコの吸殻の不始末によって起こる火災も、吸

1666 年のロンドンの大火

殻が燃えやすいものの上に落ちてから、数十分後には煙が部屋中に広がる程度になり、やがて燻っていたところから炎が上がって、本格的な火災に移行します。

火災の広がり方は、徐々にではなく、急速に加速していきますから、ほんの数分の遅れが、火災を手のつけられない状態にしてしまいます。火災の被害を少なくするためには、ロンドン大火の例を見るまでもなく、とにもかくにも早期発見と早い時期の消火活動が必要なのです。

ごくたまにしか起きませんが、部屋のような狭い締め切った空間の中でガス漏れがある時、冷蔵庫のスイッチによる火花のような小さな火種があると、漏れたガスが爆発的に燃えて大きな被害を生じることがあります。このようなことがなかなか起きないのは、部屋の中に漏れ出したガスと空気が、爆発的に燃えるのにちょうどいい混じり具合になかなかならないからです。通常の都市ガスの成分は天然ガスです。天然ガスが爆発的に燃えるのは、ガスが体積比で空気の五パーセントから一五パーセントの間にある時です。これより薄くても、濃すぎても、火はつきません。ガスが爆発するといっても、火薬のように激しく爆発するのではありません。ガスと空気の予混合気が燃える時の炎の広がる速さは、せいぜい毎秒数十センチメートルから数メートル程度です。それでもドアや窓ガラスを吹き

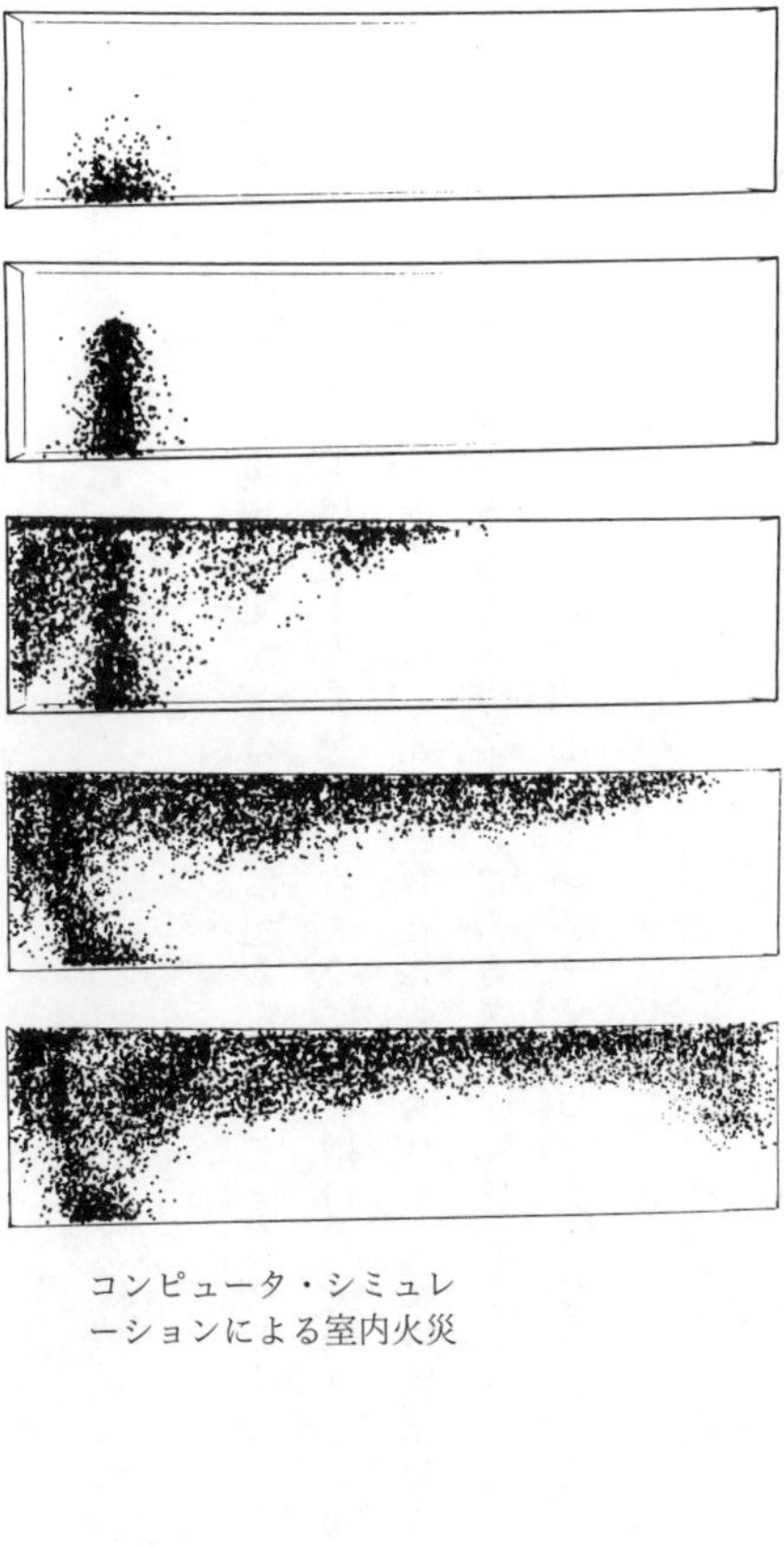
コンピュータ・シミュレーションによる室内火災

飛ばす爆発が起きるのは、部屋中のガスが一瞬のうちに燃える燃焼熱によって部屋の中の圧力が数気圧まで上がるためです。

ガス爆発は恐ろしい災害ですが、めったに起こるものではありません。一つの部屋に燃えるのにちょうどいい五パーセント以上のガスがたまるまでには、相当大量のガスが漏れつづけていなければならない計算になります。たとえば、密閉された六畳から八畳程度の部屋でガス爆発がおきるまでガスがたまるには、火の消えた普通のガスコンロのガス栓が開け放しになっていたとしても、二時間から三時間経たなければなりません。用心していさえすれば、大きな災害にまでなることはなかなかないのです。

炭鉱火災

一八世紀後半のイギリスでは炭鉱が深く掘り進められるようになり、石炭の切羽《きりは》は地中深くなります。坑道が長くなるにつれて、坑道内の通風換気が悪くなりますので、石炭に含まれているガスが、坑道の中にたまってくるようになります。このガスの成分は主としてメタンガスです。

当時、炭鉱内の灯りはもっぱらロウソクとランプが用いられていましたので、ガスの濃度が可燃限界まで達すると、灯りの裸炎によって火がついて、坑道内に爆発的に燃え広がることになります。さしあたり爆発を防ぐ方法としては、ファイア・マンと呼ばれる坑夫の一人がぬれた防火布を身にまと

ガスに点火するファイア・マン

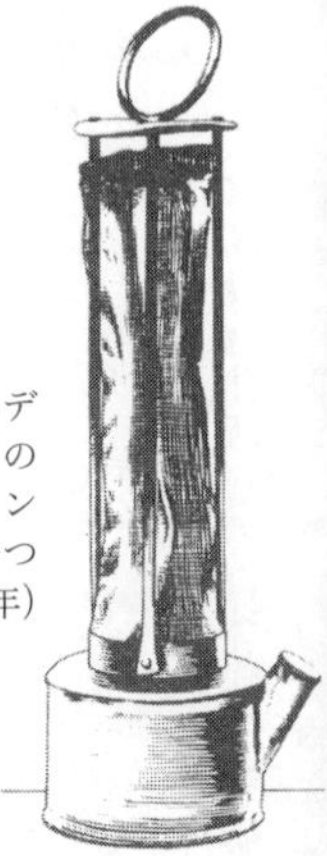
最初のデービーの安全ランプの一つ（1816年）

って、長い棒の先につけたロウソクを切羽に近づけて、ガスを燃やしてしまうという危険な方法が行なわれていました。

炭鉱主たちは、爆発の危険を防ぐためにサンダーランド協会を一八一三年に設立し、問題解決のために一八一五年八月に著名な科学者であったハンフリー・デービーに解決を依頼しました。デービーはこの問題に興味を持ち、ガスのサンプルを取り寄せて、ロンドンの王立協会に持ち帰ります。その年の一一月までにデービーは、炭鉱ガスが空気と混合した時の燃焼の性質を調べ、炎が狭い金属の間を通り抜けることができずに消えてしまうことを発見したのです。一八一五年一一月九日に結果が発表され、最初の三台の安全ランプが提示されました。このランプは、炎を一インチ（二・五センチメートル）当たり二八本間隔の金網で囲ったもので、その後、改良を加えられて、広く用いられるようになり、炭鉱のガス爆発はほとんどなくなりました。デービーの実験の助手を勤めたのが、天才的な実験科学者となるファラデーでした。

デービーのガスの燃焼についての研究が、今日にいたる燃焼科学の最初の研究であるといっていいでしょう。ガスと空気の混合比率がどれほどの時に燃焼するか、その時の燃焼速度は毎秒何センチであるか、ガスの炎は狭い隙間を通り抜けられないといったことは、いまでも燃焼科学の基礎となっています。

安全ランプの普及により爆発事故の回数は減少しましたが、その大きさと激しさは増しました。たとえば、一八六〇年にはニューポートのリスカ炭鉱で一四五人の命が奪われ、一八六七年にはローンダ渓谷のファーンデール炭鉱で一七八人の犠牲者を出しています。のちに爆発の原因は、塵雲となって浮遊するこまかな炭塵《たんじん》が発火する炭塵爆発であることが明らかになりました。一般に炭塵は、微細な粒子ですが、固体ないし粉体であるため、ガスの引火・爆発に比べて相当強力な熱エネルギーにあわない限り、引火の危険性は少ないものです。今日では炭塵対策が講じられていますが、爆発がなくなったわけではありません。

森林火災

シベリアやアメリカ北西部の森林地帯では、毎年かなりの森林火災が発生しています。人の入る地

森林火災

域では、焚き火の不始末などの人為的な原因が多く、それ以外では落雷によることが多いとされています。森林火災は一度発生すると、消火が困難で、広大な面積を焼き尽くしてしまうことになります。

熱帯雨林では、以前は自然発生の火災以外はほとんど無かったのですが、最近、農地開拓のために火を使うようになって、アマゾンやインドネシアで大きな森林火災が発生するようになりました。一九九七年と翌年にアマゾン流域で土地開発のため放たれた火は五二〇万ヘクタール以上を焼き尽くし、インドネシアでは一九八二年から翌年にかけて三二〇万ヘクタール、一九九一年には五〇万ヘクタール、一九九四年にはおよそ四九〇万ヘクタールの森林が煙と消え、一九九七年から翌年にかけての火災では九八〇万ヘクタールの森林が失われ、火災で発生した煙によって近隣諸国の七〇〇〇万人が影響を受けたといいます。熱帯雨林は開発によって年々少なくなっていますが、それとほぼ同じ面積が火災によって失われているという報告もあります。

戦争の手段としての火

火の持つ破壊力は、いわば大量破壊兵器に匹敵する強さを持っています。人類の歴史は戦いの記録に満ち満ちているといっていいほどで、争うのが好きな人類が、絶大な破壊力を持つと同時に容易に手に入れられる火を戦いの武器として用いないはずはありません。『旧約聖書』の「創世記」にあるソドムとゴモラの町を焼き尽くした火は、神の怒りによる空から降る火の雨です。この発想は、幾度も国を滅ぼされたユダヤの人々の記憶にある戦いの火から得られたことはまちがいありません。当時のユダヤの人々にとって火は神の象徴であり、神そのものであって、神への畏れと火への畏れは同一視されていて、火は人々を滅ぼす破壊力を意味していたのでしょう。

紀元前二二五〇年にアッカド王ナラム・シンによって滅ぼされ、焼き尽くされたエブラの王宮の廃墟の中から一九七五年にイタリアの考古学者は、古代エブラ王国の公文書を発掘しました。当時の文書は粘土板に書かれており、それがたまたま戦火によって焼かれて硬くなったため、幸運にも今日まで残っていたのです。余談ですが、森の破壊の始まりを記述した「ギルガメシュ叙事詩」は、この中にあった粘土板から発見され、解読されたものです。『旧約聖書』の記述はほぼ紀元前一〇〇〇年ごろの言い伝えと考えられていますから、同書の中で神の怒りの火が都市までも滅ぼす恐ろしいものと

ギリシア火で敵を攻撃するビザンチンのガレー船（10 世紀の写本）

して記述されたのも、最古の記録に残るほどの昔から火が都市を滅ぼす戦いの手段として使われていたからでしょう。

紀元前八〇〇年頃から紀元前三〇〇年頃まで栄えたギリシアでも、争いがしばしば起こっています。その中でもギリシアを荒廃させたのが、紀元前四三一年から紀元前四〇四年にかけて争われたペロポネソス戦争です。アテネとスパルタとの争いがギリシア全土に広がり、ギリシアの各都市を巻き込みました。この戦いでも、もちろん火が武器として使われています。たとえば、アテネの北プラタイアという町を攻めた時、七〇日間の攻防戦の末、城壁が破れないのを知ったスパルタ軍は、粗朶《そだ》をどっさり集めて城壁の中に投げ入れ、同時に松明と硫黄とピッチを投げ込んだのです。町は猛烈な炎に包まれ、火の勢いですさまじい風が吹き起こり、この情景を目にした者は、とても人の手によるものとは思われなか

平治元年（1159）12月9日の三条殿夜討ち（『平治合戦絵巻』）

ったと伝えています。

七世紀のビザンチンの海軍は、発射器からギリシア火を放って敵船を攻撃したといいます。おそらく、ギリシア火は石油と硫黄とを混ぜたものの類でしょう。船の戦いで火を使うことは珍しくありません。たとえば、中国の『三国志』に名高い赤壁《せきへき》の戦いで諸葛孔明《しょかつこうめい》が火船を使って、曹操《そうそう》の船団を焼き払って勝利を収めています。

都市や城砦に対する攻撃として火が用いられたのは、日本の歴史に残るものでも平家による南都（奈良）の焼き討ち、信長の比叡山延暦寺の焼き討ちなど、その例は数え切れないほどあり、そのたびにそれまで築き上げられた文化が灰燼に帰してしまいました。二〇世紀に入っても、火による都市への攻撃は止みませんでした。最も大きな破壊は、第二次大戦の空襲による破壊です。ヨーロッパではドイツ軍のロッテルダム空襲、連合軍によるケルン、ハンブルグ、ドレスデンの空襲によって各都市は完全に破壊され、何万人もの死者を出しています。そして、アメリカ軍による日本各都市への空襲では、多くの都市が廃墟となりました。一九四五年四月と五月の東京空襲で東京の大半は焼け野原となり、一〇万人を越す犠牲者がでています。

人類の歴史に残る戦いでは、必ずといっていいほど火が使われています。現代の戦いの火は火薬となって存在します。戦争の火は、人命を奪うばかりでなく、それまでに築き上げてきた人々の営みと文化をすべて灰にしてしまいます。火の力が私たち人類の生活の向上に大きな役割を果たしてきたことは前の章でたどってきたとおりです。火は文明のためにのみ使われるべきであって、いかなる正義や理由があったとしても、争いのための破壊力として用いるものでないこと、そして火はひとたび荒れ狂うと、手の施しようのない恐ろしい破壊力を秘めていることを心に留めておかねばならないと思います。

第二部

火の科学

1 火の本質について

燃焼現象の認識

通常では何事もない身のまわりのものが、ある条件のもとで火がつくと、たちまち炎を上げて高い熱と光を生じて燃え上がって、すべてを灰にしてしまうという現象は、説明のしようがありませんでした。ものの姿を変えてしまうこのような火の力が、どこから生まれるのかについては、昔からいろいろ考えられてきました。火は熱と軽さの元素であり、金属が燃えて重くなるのは、軽さである火が失われるためであると考えられたこともあれば、逆に重くなるのは火を取り込んだためであるとする説もありました。

火を科学的に取り扱い、燃焼とはどういう現象かという研究がなされたのは、一七世紀のヨーロッパで盛んになった気体の性質についての研究の流れの中です。イギリスの科学者ロバート・フックは一連の実験を行なって、燃焼とは燃料が空気の中の一成分と化合する現象であるという事実を一六六五年に初めて発表しました。彼は空気には燃料と化合する物質が含まれると考えて、当時の言葉で空気を燃料を融かす「溶剤」と表現しています。彼の説の概要は次のようなものです。

① 空気は可燃性の物質の万能な溶剤である。
② すべての溶解と同様に燃料はまず加熱されなければならない。
③ この作用によって熱が発生する。
④ 反応は激しく、エーテルと作用して光を発する。
⑤ この溶剤は空気中に固有に混合している物質である。
⑥ 燃料の大部分は空気と反応する。
⑦ 一時空気と結合したものの一部は、冷却されると固体のススとなる。
⑧ 燃焼と直接かかわらない周囲も、過熱され膨張して、炎とともに上昇する。
⑨ 熱によって作用された他の固形分は灰分である。
⑩ 空気中の溶剤の割合は硝石に比べて少ない。
⑪ 空気を激しく大量に送り込めば、燃焼は大きく加速され、硝石と反応する時と同様に早く激しくなる。
⑫ 古来言われていた、炎を作る「火の要素」というものはない。輝いている炎は燃料の気体成分と空気との作用に他ならない。この反応が進み熱が発生するにつれて、燃料の気体化がさら

に進み燃焼が継続される。

彼の考えは当時としては進みすぎていたため、その後しばらくは火が一つの「要素」であるという古い考えが支配的となります。燃焼現象が生物の呼吸と同様の物質（酸素）による作用であることがはっきり示されたのは、一七七二年にイギリスの科学者ジョセフ・プリーストリーとスウェーデンの科学者カール・ウイルヘルム・シェーレが、硝石から酸素に相当する気体を分離、発見してからです。酸素という名称は、フランスのラヴォアジェが、硫黄の酸化物は硫酸に、窒素の酸化物は硝酸になることなどから、「酸を作る素」と名づけたことに由来します。しかし、後に知られた強酸である塩酸には酸素は含まれていませんし、ナトリウム・カリウム・カルシウムなどの金属の酸化物は酸ではなくアルカリとなります。酸素という名前は、酸とは関係なく、元素の名称として残っているのです。

燃焼科学

太古の昔から生活のために私たちは、身のまわりにある木と木を焼いて作った炭を用いてきました。その後、森を伐り尽くして、燃料とする木が足りなくなると、石炭・石油などの化石燃料を使うようになりました。一八世紀のイギリスでは石炭の需要が急激に増加して、炭鉱の坑道がどんどん深く掘り進められたため、地下深くに圧縮されたメタンガスが石炭を掘る時に吹きだし、灯りとして使っていたロウソクやランプの炎によって燃え広がって爆発する大きな災害がしばしば起こりました。

一八一五年に炭鉱協会から爆発原因の調査を依頼されたイギリスの科学者ハンフリー・デービー卿は、早速、炭鉱から爆発の原因である可燃性の気体を取り寄せ、この気体を分析してメタンであることを確かめ、メタンと空気の予混合気がどのような条件の時に燃えるのかを調べました。デービーの方法はその後の燃焼研究でなされたガスの燃焼の基礎的な方法とほぼ一致していますから、デービーは燃焼科学の創始者といっていいでしょう。研究の結果、メタンガスが存在する炭鉱内でも安全に使用することのできるランプ、いわゆる安全灯が作り出されました。

さて、可燃性ガスと空気の予混合気は、燃焼科学のもっとも基本的な研究対象です。化学方程式で完全燃焼する割合の空気との混合比を理論混合比といいますが、その値を基準にして、それより燃料が濃ければ燃焼はどうなるか、薄ければどうなるか、などの検討から研究が進められてきました。予混合気の燃焼は、圧力・温度などの物理的条件を正確に反映するデータが得られますので、燃焼科学の基礎となっています。たまたま災害研究として始まった予混合気燃焼の研究が、以後の燃焼科学の基本となったわけです。これについては膨大な研究成果が蓄積されていますが、ここではほんの一部の一般的な知識を紹介するにとどめます。

未燃の予混合気の一端に点火しますと、火炎面が波となって伝播します。これが予混合気燃焼の特性です。伝播する速さ、つまり燃焼速度という物理量が、それぞれの予混合気にはあります。

ところで、私たちが昔から燃料として使ってきた木・石炭・獣脂・菜種油などは、燃料が蒸発したり、分解したりして生じたガスが外側に拡散し、空気中から拡散してきた酸素とちょうどいい割合になったところに火炎面ができるという燃え方をします。すべてが拡散によって行なわれるので、予混合気燃焼に対して拡散燃焼といいます。内側からの燃料ガスの拡散と外側からの酸素の拡散によって火炎ができるわけですから、当然、火炎面の位置は決まります。拡散燃焼では予混合気燃焼の時のような火炎面の伝播はなく、安全で安定した炎が得られます。ロウソクはそのよい例です。

予混合気燃焼はすべて気体ですが、拡散燃焼は気体・液体・固体を問いません。

予混合燃焼の時も拡散燃焼の時も、ロウソクが静かに燃えている時のように乱れのない中で燃焼する場合とジェット・エンジンの燃焼室の中のように渦を伴う激しい乱れの中で燃焼する場合とがあります。前者を層流燃焼、後者を乱流燃焼といい、燃焼状態としてはまったくといっていいほどの差があります。したがって、研究対象としては乱流燃焼が一つのカテゴリーとなっています。

予混合気の燃焼

可燃限界

では、もともと気体燃料とか液体燃料から蒸発した蒸気などが空気などの酸化剤と均一に混合している時の燃え方の基本を考えてみましょう。

デービーの研究したメタンに限らず、可燃性のガスが空気と混合して燃焼する条件の一つに、混合

各種燃料の可燃限界

燃料	空気混合気 (vol%) 下限	上限	理論混合比	酸素混合気 (vol%) 下限	上限
水素	4.0	75.0	29.5	4.0	94
一酸化炭素	12.5	74.0	29.5	15.5	94
メタン	5.0	15.0	9.5	5.1	65
プロパン	2.1	9.5	4.0	2.0	55
ブタン	1.8	8.4	3.1		
アセチレン	2.5	100	7.7		
メチルアルコール	6.7	36.0	12.2		
エチルアルコール	3.3	19.0	6.5		

の割合があります。メタンでもプロパンガスでも空気と混合する割合がある範囲になければ燃えません。それより薄くても、あるいは濃すぎても火はつかないのです。この条件をその燃料の可燃限界といい、範囲は温度や圧力などの条件で変わります。常温で一気圧のさまざまな予混合気の可燃限界は、上表のようになります。

可燃限界の温度による影響は単純で、上下限界ともやや広がりますが、上限のほうの広がりが大きく、炭化水素ではその影響は直線的であることが知られています。

また圧力を上げた時の影響は、簡単な炭化水素では上限がほぼ直線的に一気圧あたり〇・一三パーセント上昇しますが、下限のほうはほとんど変わりません。圧力を下げても一気圧の時とあまり変化はありませんが、水銀柱五〇ミリメートル以下では燃えなくなります。

空気に不活性ガスを混ぜた時には、両限界とも狭くなり、最後には一致します。その影響は混合するガスの比熱の順となって、二酸化炭素が最も大きく、窒素、ヘリ

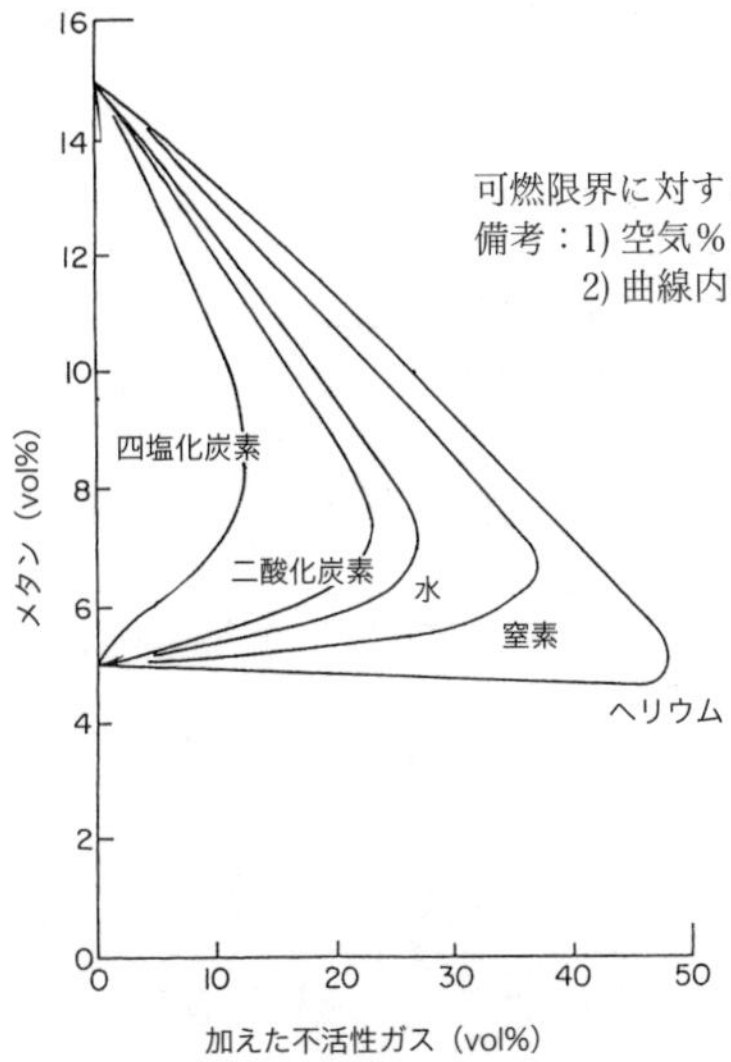

可燃限界に対する不活性ガスの影響
備考：1) 空気％＝100％－メタン％－不活性ガス％
2) 曲線内が可燃領域

ウムの順になります。メタン・空気の予混合気に二酸化炭素を混合したとき燃えなくなる時の酸素濃度は一四・六パーセント、窒素では一二・一パーセントとなり、比熱の大きい二酸化炭素の影響が大きいことがわかります。また、四塩化炭素のようなハロゲン化合物は比熱以外の燃焼阻止の影響がはるかに大きく、少量でも燃焼が継続できなくなります。ハロゲン化合物の影響については、デービーも観察しています。

クエンチ現象

メタンでも水素でも、最も燃えやすい理論混合比の炎でも、狭い場所には入り込めません。これは壁の冷却効果のためと考えられていますが、炎の通れる限界の幅をクエンチング・ディスタンスといいます。デービーが安全灯に応用したのはこの考えで、ランプの炎を細かい金網で囲って、火が外のメタンを含む可燃性の大気に伝播しないようにしたのです。

各種燃料のクエンチング・ディスタンス

燃料	クエンチング・ディスタンス
水素	0.51 mm
メタン	2.51
プロパン	2.0
ブタン	3.0
メチルアルコール	1.8

この最小距離は、圧力が高い時には圧力にほぼ反比例して狭くなり、温度の高い時には絶対温度の平方根に比例して狭くなります。むろん、燃料によってクエンチング・ディスタンスは異なりますので、おもな燃料のクエンチング・ディスタンスを上表にまとめておきました。

点火

空気中にある燃料物質は、高温の物体、マッチのような小さな炎、電気火花などにふれることによって突然、燃え始めます。この変化は急激なので、どのような時に燃え始めるかという条件、つまり点火の条件をかなり正確に決めることができます。

燃料となるものを空気中で熱した時、点火源がなくても自発的に点火することがあります。この温度を自発点火温度といいます。炭化水素は、分子の中の炭素数の多いほど自発点火温度は低くなります。したがって、炭素が一個のメタンは最も燃えにくく、自発点火温度は六三

電気火花による各種燃料の最小点火エネルギー

燃料	最小点火エネルギー
水素	0.015 mJ
メタン	0.3
プロパン	0.3
炭化水素	0.2 ～ 0.3

各種燃料の自然点火温度

燃料	自然点火温度
水素	571 ℃
メタン	632
プロパン	504
n-ノナン	239
メチルアルコール	470
エチルアルコール	392
100 オクタンガソリン	468
ジェット燃料	250 ～ 260
木材	400 ～ 470
木炭	320 ～ 400
ポリプロピレン	420
ナイロン	500

〇度より高くなります。それに比べて灯油の成分である炭素が九個のノナンは二四〇度です。

ディーゼル・エンジンの燃料として炭素が一〇個以上の軽油とか重油が使われるのは、このエンジンが自発点火で作動しているからです。ガソリン・エンジンでは逆に自発点火が早く起きてしまうとトラブルになるので、自発点火温度の高いガソリンが使われます。高級なガソリンであるオクタン価一〇〇のガソリンの自発点火温度は四七〇度となっています。参考までにさまざまな燃料の自発点火温度を上に載せておきます。

デービーは、高温の物体や赤熱した木炭や鉄によって可燃性予混合気を点火させる実験を行なっています。実験の結果、水素・空気の予混合気は鉄や木炭がほとんど光って見えないぐらいの低温でも点火すること、またエチレンと一酸化炭素・空気の予混合気は赤熱した状態で点火するものの、メタン・空気の予混合気は白熱した鉄でも点火しないことが見いだされ、メタンは他の可燃性ガスに比べ最も燃えにくいガスであると彼は結論を下しています。

可燃性予混合気に点火するのに必要なエネルギーの最小値は、電気火花を用いて測定されています。前ページの表（左）を見ますと、ごく少ないエネルギーで点火することがわかるでしょう。なお、ガソリン・エンジンで使われている実用の点火エネルギーはこの値の一〇倍以上です。

燃焼速度

可燃性予混合気に点火すると、ちょうど池の中に小石を投げ込んだ時に広がる円形の波のように、炎の面が広がっていきます。そのため燃焼の炎の広がり方を燃焼波と呼ぶことがあります。この時、炎の後ろ側は、当然、高温になるので膨張し、炎はそれに流されて加速されます。この速度は火炎速度と呼ばれ、容器や流れの条件によって変わります。しかし、この流される速度を差し引いた火炎面がまだ燃えていない部分に進んでいく速度は、燃料によって決まった値となります。この速度を燃焼速度といいます。

もちろん、混合比などの条件が違えば異なる値となりますが、一般に燃焼速度は、その燃料の最も燃えやすい条件（大体、理論混合比の一・一倍くらいです）での、いわば最大速度をいいます。この値の計測結果は、現在の精密な実験条件の設定によっても装置や測定条件の違いによる差が大きく、正確に一致した値になっていません。とはいえ、その中で一番もっともらしい値と考えられているのは、メタン・空気の予混合気の最大燃焼速度が毎秒四五センチメートル（理論混合比の一・〇七倍）、水素

各種燃料の最高燃焼速度

燃料	最大燃焼速度	理論混合比との比
水素	325 cm/s	180 %
一酸化炭素	52	205
メタン	44.8	108
プロパン	46.4	106
ブタン	44.9	103
アセチレン	155	125
メチルアルコール	50.4	108

・空気の予混合気の最大燃焼速度が毎秒三五〇センチメートル（理論混合比の一・四五倍）です（いずれも常温、一気圧）。上表にいくつかの燃料の最大燃焼速度をあげておきますが、本文とは条件が違いますので、数値が異なる場合があります。

燃焼速度は予混合気の温度と圧力によって変化します。とくに温度の影響は大きく、たとえばメタンの場合、初期温度三〇〇度の時、毎秒一六〇センチメートルになります。また圧力の影響は燃料によってさまざまですが、メタン・空気の予混合気では圧力（気圧）の平方根に比例して遅くなるという実験結果があります。

これらの値は、炭鉱の爆発事故とかガス漏れによる家屋の爆発などの災害の大きさと比較して、ずいぶん遅いと思われるかもしれません。しかし、そのような災害は密閉された場所で起こるので、燃焼した後の高温のガスの圧力が高くなり、被害が大きくなります。たとえば、燃焼ガスが一〇〇〇度ならば、密閉室の圧力は三気圧を

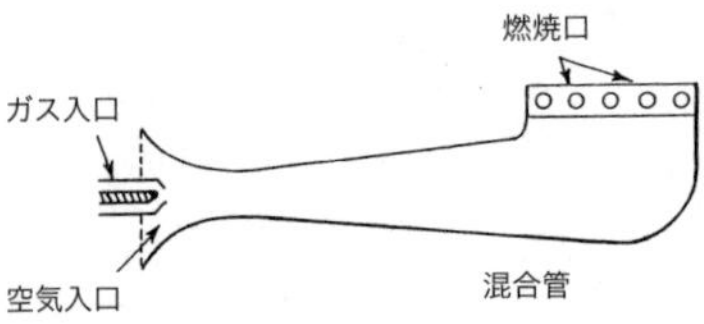

家庭用ガスコンロ

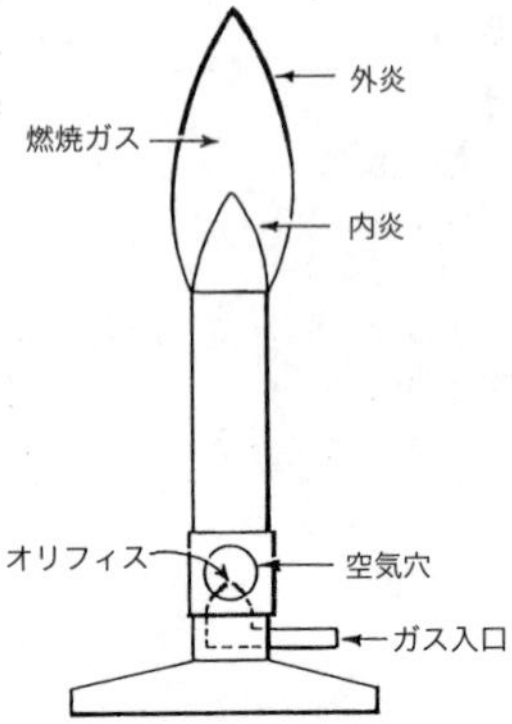

ブンゼン・バーナー

超えるうえ、きわめて大量のガスが燃えるので、発生する熱量が大きく、そのエネルギーによっても災害が大きくなるのです。

ブンゼン型火炎

燃焼速度と同じ速度で流れている可燃性予混合気に点火すると、流れの速度と燃焼速度がつりあって一定の場所に止まっている火炎面ができます。この考えを実用化したのがドイツの化学者ロバート・ウイルヘルム・ブンゼンです。一八五五年にブンゼンが発明したブンゼン・バーナーの基本的な構成は、パイプの下方で燃料ガスをオリフィスから噴出させ、その噴流モーメントで空気を吸入して予混合気を作り、パイプの上端に炎を作るものです。こうしてできる炎は予混合火炎なので火力が強く、またススも生じません。ブンゼン・バーナーは、炎が安定していますし、流量などの基本的な条件も正確に決められますので、燃焼速度の測定とか、炎の安定条件など

各種燃料の断熱火炎温度（1 気圧）

燃料	火炎温度 (空気)
水素	2,380　K
一酸化炭素	2,380
メタン	2,230
プロパン	2,225
ブタン	2,256
アセチレン	2,600
	(酸素混合気)
水素	3,080
メタン	3,030
アセチレン	3,410

の燃焼の基本の研究に使われています。実験室には必ず常備されていますので、見たことのある方は多いと思います。どこの家庭にもあるガスコンロのバーナーも、ブンゼン・バーナーと同じ原理で作られています。

ガスコンロの炎を見れば、燃え方がよくわかります。中央には青く光っている円錐形の火炎面（内炎）が見えます。この部分が主な燃焼部分で、円錐の面積で予混合気流量を割った値がここでの燃焼速度となり、この値が火炎面を通る流れの速度と同じになって火炎面が安定しているのです。内炎の外側を青紫色で、やや弱い光り方の紡錘形の炎（外炎）が包んでいます。温度は内炎の部分が最も高く、天然ガスでは一八〇〇度くらいあり、外炎の部分は一四〇〇度くらいです。空気の吸込み量を減らしていくと、燃焼速度が遅くなるので、内炎の高さがだんだん高くなって、火炎面の面積が大きくなります。また、ススが生じるようになるので、外炎は黄色みをおびてきます。

ガスを噴出させるオリフィスの穴径は通常一・五ミリメートルぐらいにし、空気の取り入れ口の直径はバーナーの直径の一・二五倍ぐらいに取ります。通常の実験用バーナーの直径は一〇ミリメートル程度で、パイプの長さは流れを層流にするために、直径の六倍以上とします。ガスコンロの時には、使用するバーナーの大きさによって、ノズル径も空気取り入れ口の径もこれらの値とは変わります。

断熱火炎温度

実際に使われている予混合気火炎の温度は、周囲に熱が奪われるので、低くなります。熱損失がまったくないと仮定した時、炎の温度がどれくらいになるかということは、燃料の発熱量と燃焼生成物の熱容量から計算することができます。しかし、炎は大変高温なので、燃焼生成物には熱解離した成分、たとえば二酸化炭素のほかに一酸化炭素が存在し、その割合が温度によって変わってきますので、発熱量も熱容量も単純な計算では割り出せません。この計算には専用のコンピュータ・プログラムが作られていますので、それを利用することになります。前ページに代表的な燃料について理論混合比の時の値を載せておきます。

乱流予混合気の燃焼

ここまで紹介してきた燃焼の基礎的な性質は、流れや燃焼容器の中の気体の状態が静かな時、すなわち層流という条件の時の性質です。しかし、実用されている燃焼装置の大部分では流れにかならずといっていいほど乱れの成分（渦）が存在します。層流火炎では、薄い反応帯である火炎面が形成され、運動量、熱、物質輸送などの現象はすべて分子の拡散で行なわれています。これに対して、乱れがあると、渦によって火炎面の面積が増大したり、熱、物質輸送に機械的な混合作用が加わります。そのため、反応帯の時間平均的な厚みが大きくなり、燃焼はいちじるしく促進されます。

乱流の性質は、その中の渦の大きさと強さによって決められますが、流れの中で小さい渦は急速に減衰して大きな渦になることが知られています。これに燃焼現象が加わると、渦は大きく加速されます。乱流自体が複雑な流体力学的問題であるので、乱流燃焼はさらに複雑になります。そのため過去何十年も研究が進められてきたにもかかわらず、層流燃焼のようなはっきりとした結論はまだ出されていません。

しかし、定性的には乱れの大きさと強さによって、炎がどのような形になるか、全体としての燃焼速度はどの程度促進されるかということはわかってきました。乱れの強さが弱く、乱れの大きさがごく大きい時、炎は層流火炎が乱されただけの形となります（次ページ図a）。この時、乱れの大きさがやや小さくなると、炎は皺状の火炎面になります（図b）。これらの時の燃焼速度はその火炎面の面積の増加分だけ層流の時の値より大きくなります。乱れの強さが大きくなり、乱れの大きさが小さくなると、火炎面は乱れて広がります（図c）。さらに乱れが強くて、大きさも大きい時には、火炎面はちぎれてガスの塊が島状になって燃焼する形となります。このような場合、燃焼は層流ではなく、

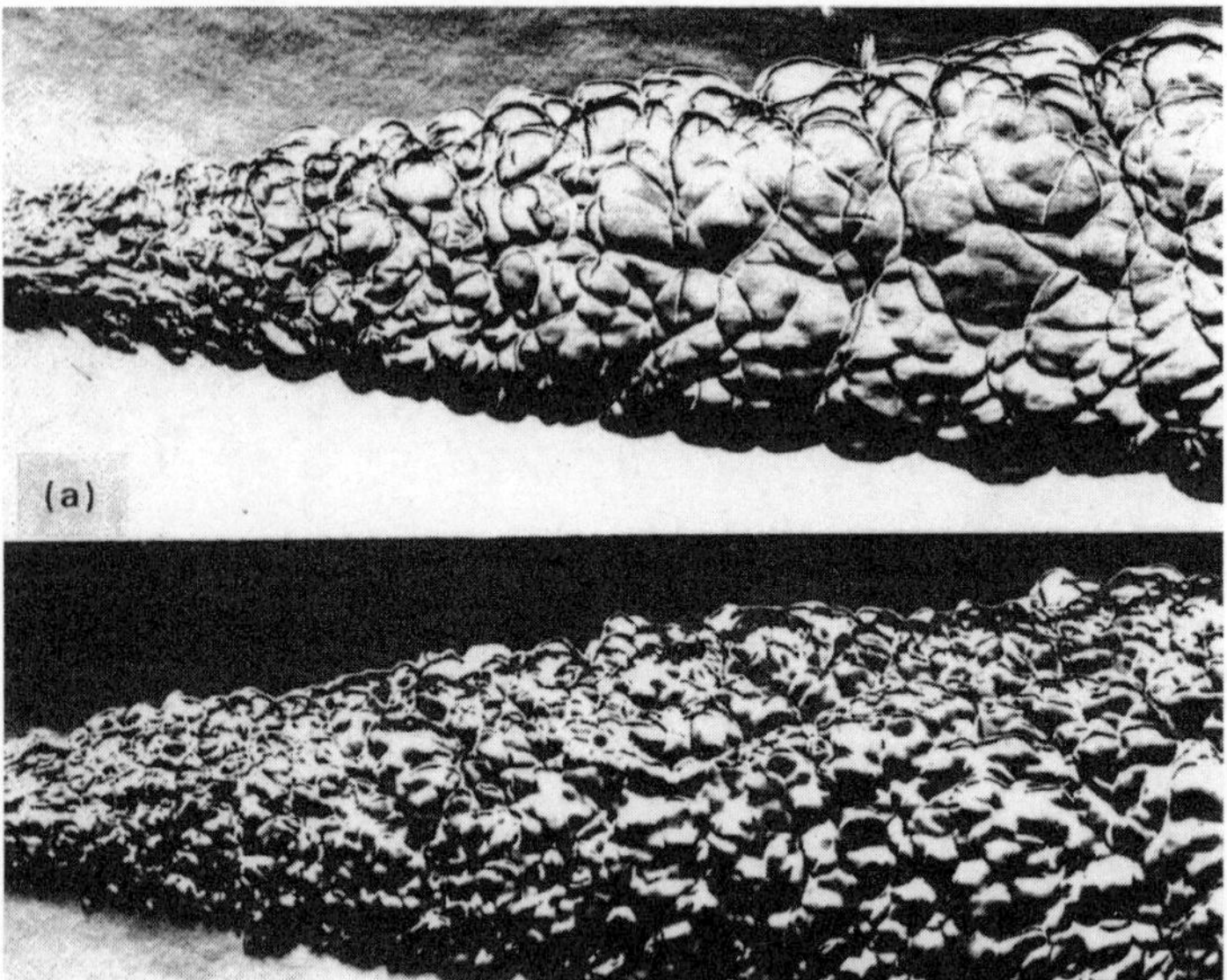

乱流予混合気火炎の例

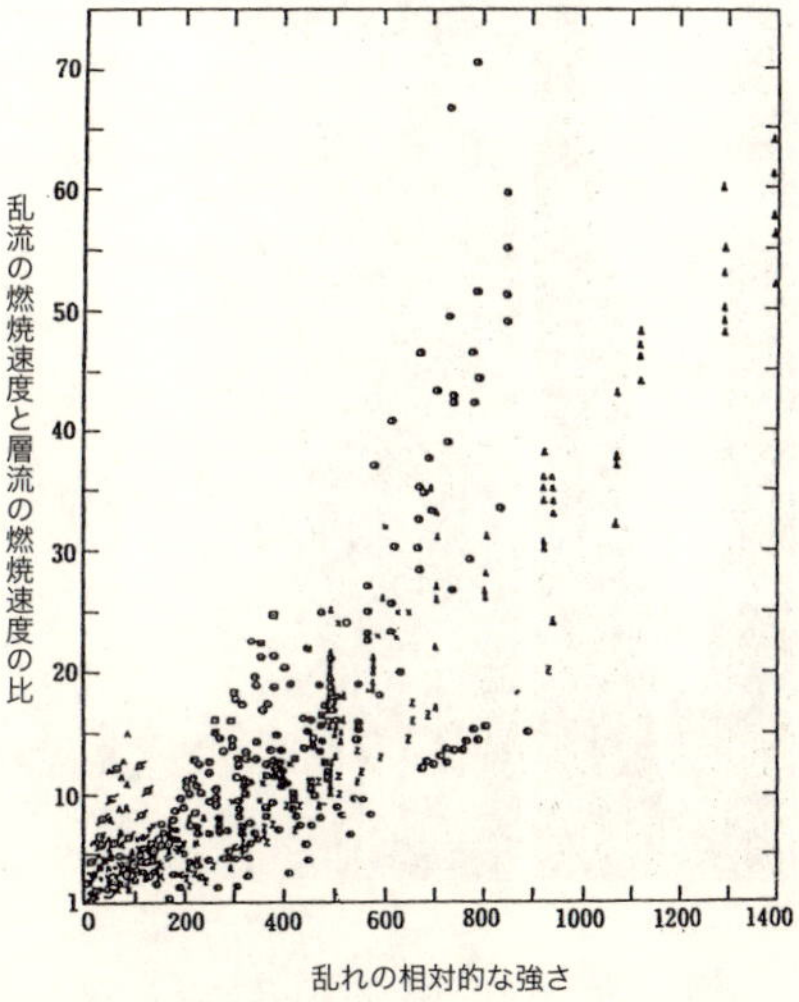

乱流燃焼速度と乱流の強さとの関係

乱流の輸送現象によって支配され、燃焼速度はいちじるしく大きくなり、層流の場合の数十倍にまで達します。乱流の強さと燃焼速度の関係についての実験結果の一例を右図に示しておきます。

拡散火炎

拡散火炎とは、これまで考えてきた燃料ガスと空気が初めから混じり合っている予混合気の火炎とは違って、燃料と空気とが始めは分離された状態で燃える火炎です。たとえば、焚き火で木が燃える

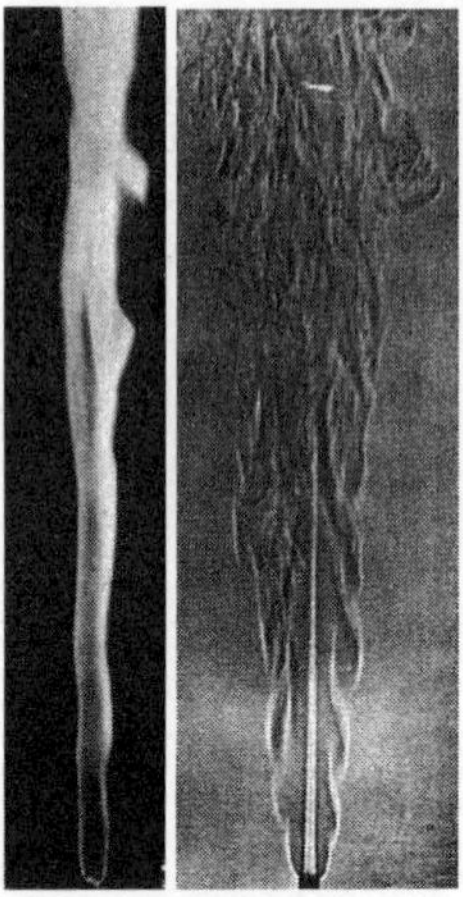

都市ガスの層流拡散火炎（右は左の炎の影写真）

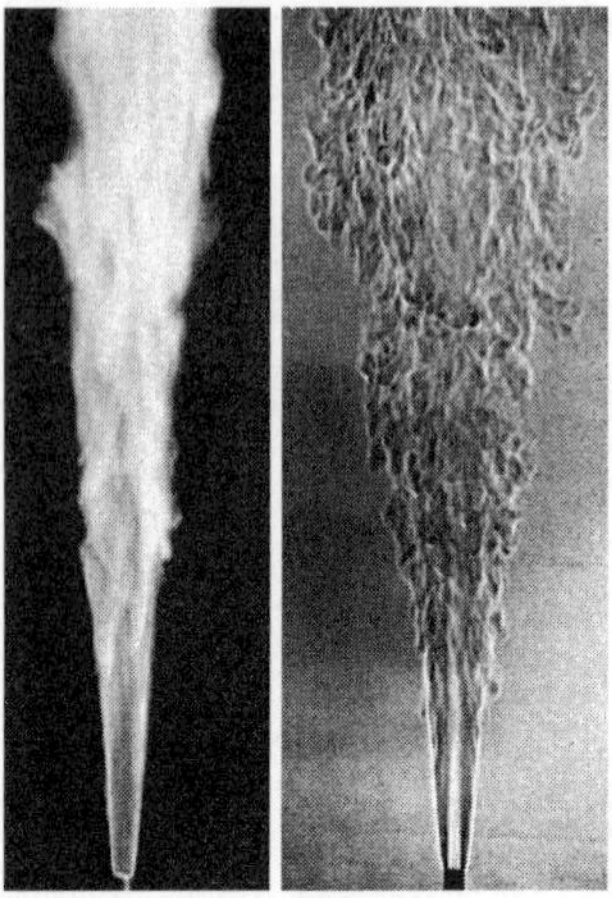

都市ガスの乱流拡散火炎（右は左の炎の影写真）

時とか、ロウソクの炎とか、炉の中で噴射された燃料が燃える時とか、ロケット・エンジンの中で燃料の液滴が酸素中で燃焼する時とかがそうです。

このような場合には化学反応は拡散の速度によって決まりますから、炎が広がっていく伝播性はなく、したがって燃焼速度のような物理量はありません。拡散によっても火炎面はごく薄い面となりますので、ちょっとみると予混合火炎と同じに見えます。しかし、予混合火炎は、バーナーで予混合気供給速度を燃焼速度より低くした時に逆火（フラッシュバック）という現象を起こし、燃料供給源に火が戻ってしまう危険があるのに対して、拡散火炎ではそのようなことはおきず、実用上、安全に使用できるのです。

拡散火炎では拡散速度が燃焼を支配していますので、拡散混合を増加させる乱流の影響が大きな要素となり、大量の熱量を発生させる工業用の炉とかジェット・エンジンの燃焼器などでは重要な役割を担っています。

ブンゼン・バーナーで空気孔を閉じた時のように、管から燃料を噴出させて点火すると拡散火炎となります。この時の炎は、流量が少ない時にはロウソクの炎のような丸い形となり、流量が大きくなると、まわりの空気を巻き込むように炎は乱れて揺らぎます。さらに流速を大きくすると、乱れの大きさは小さく、激しくなります。この時、乱れの発生する場所は、始めはノズル出口からやや離れていますが、流速が大きくなるにつれノズル出口に近づきます。

このような燃料噴流火炎については乱流拡散火炎の基礎研究として多くの成果が発表されています

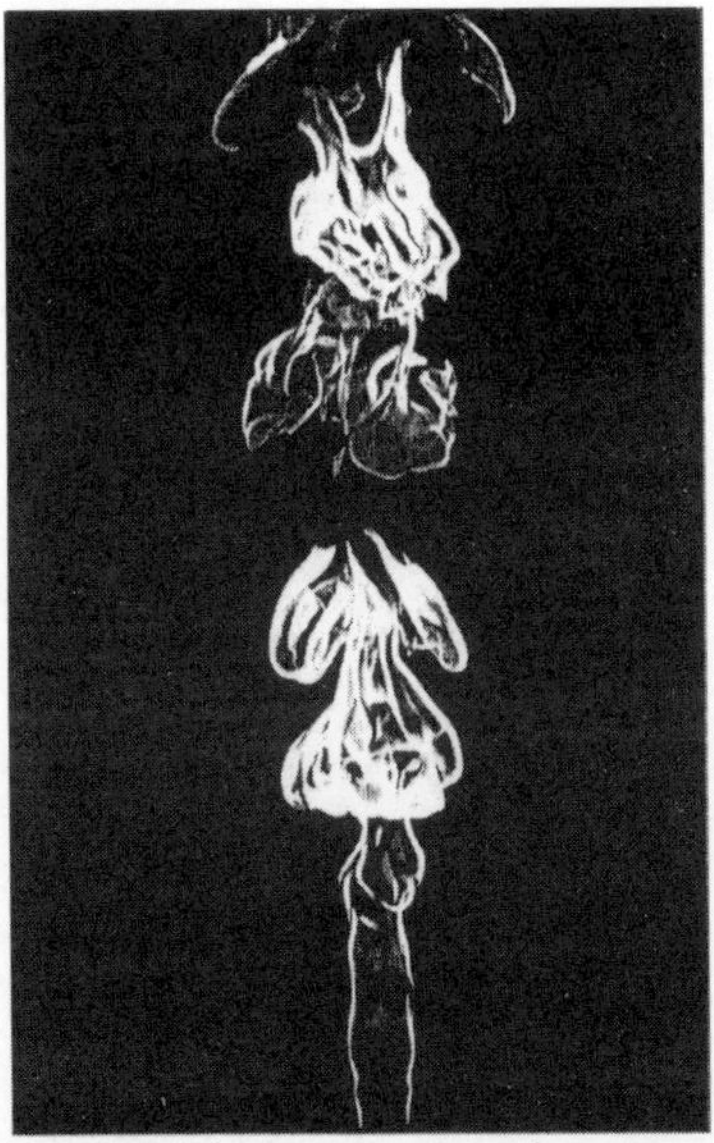

層流から乱流へうつる時のジェット火炎

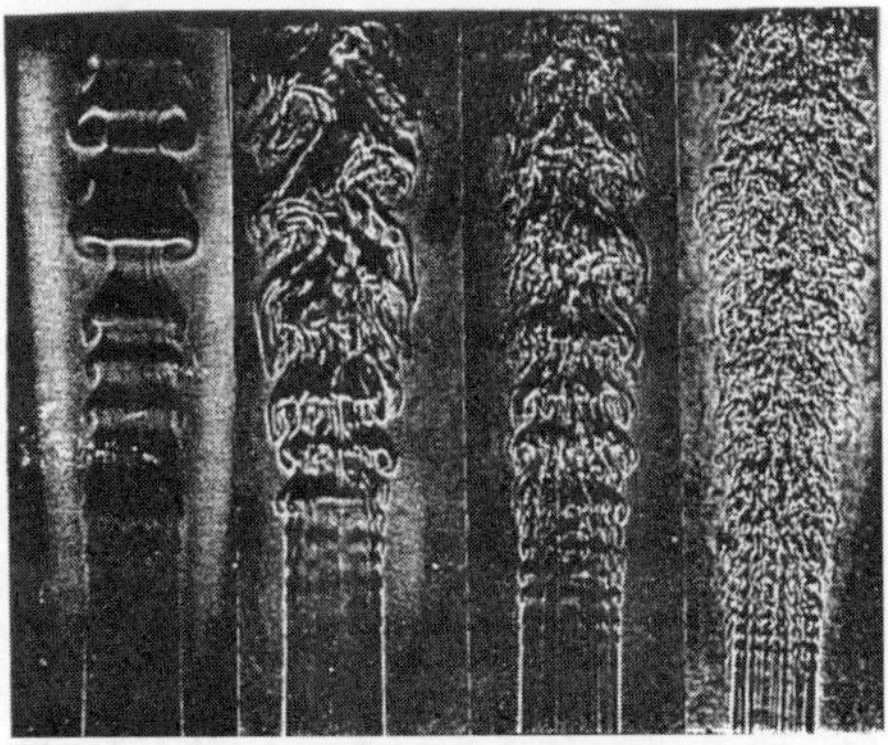

乱流の強さによる拡散ジェット火炎の形状の変化
右にいくほど乱流の強さが強くなる

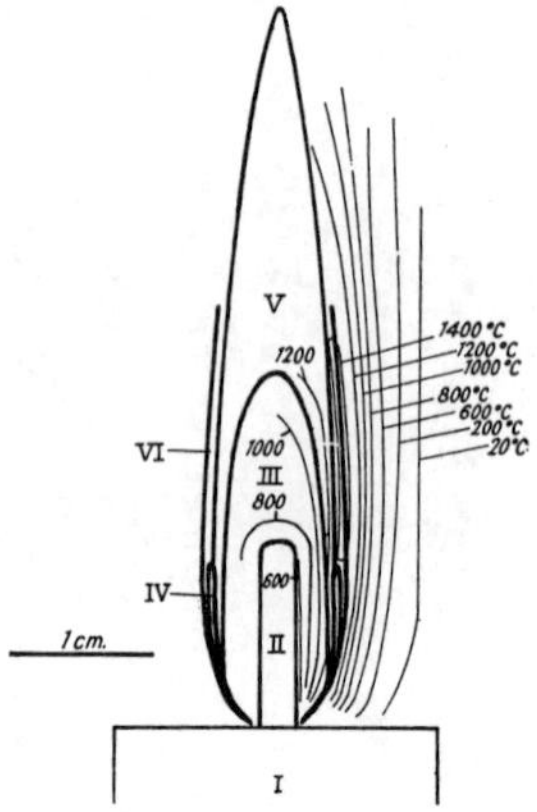

ロウソクの炎の相対的な温度
I：ロウソク，II：ロウソクの芯
III：暗い部分，IV：青色の部分
V：明るく輝く部分，VI：主反応帯

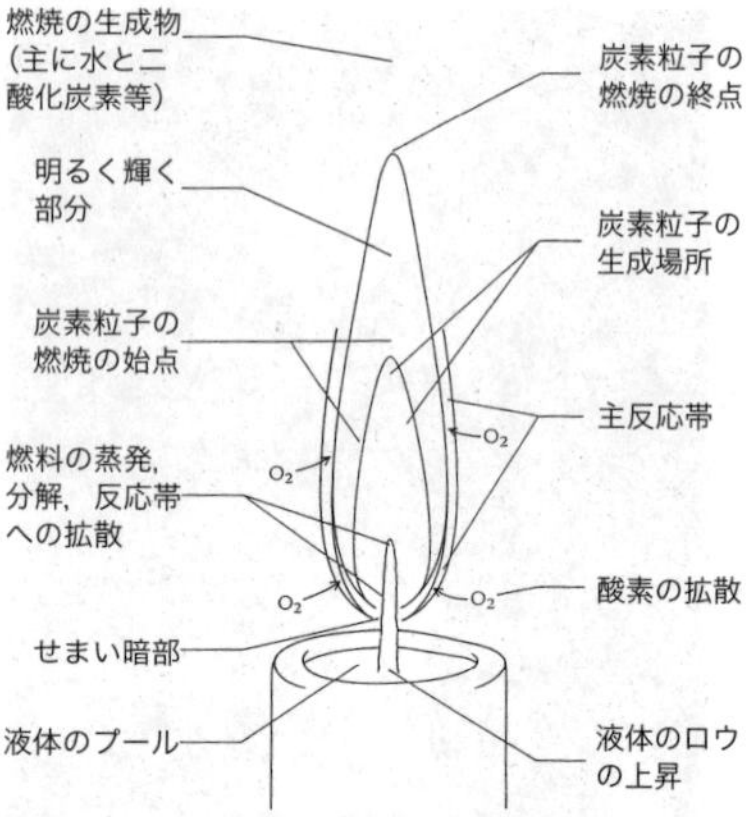

ロウソクの炎

が、成分分布とか温度分布などの測定結果は専門的に過ぎて、ご紹介するには本書の範囲を逸脱していますので、ここでは触れないでおきます。もっとも、このような多くの研究があるにもかかわらず、乱流拡散火炎はきわめて複雑な現象ですので、ある条件のもとではこうなるというはっきりした因果関係はまだ得られていないといっていいと思います。

拡散火炎のうち私たちの身近で見られるのは、ロウソクの炎でしょう。昔からの灯りとして親しまれてきたロウソクの炎は、明るさばかりでなく、ほのぼのとした情緒を感じさせる灯りでもあります。一八六〇年のクリスマスにマイケル・ファラデーは、ロンドンのロイヤル・インスティテューションで六回にわたって少年・少女を相手にロウソクの炎を題材にした講義を見事な実験をまじえながら行ないました。後に *The Chemical History of a Candle*（邦訳『ロウソクの科学』・『ろうそく物語』など）として出版されたこの講義は、難しい理屈を一切用いないで、しかも燃焼科学の基本をしっかりと踏まえて構成されている名講義です。講義ですので同じことを繰り返しているところもありますし、事実の順序も筋どおりでないところもありますが、燃焼を語る時には避けて通ることができない講義ですので、研究というものはどのように行なわれるものであるかを見る参考として、すこし長くなりますが次章でかいつまんでご紹介しようと思います。

液体燃料の燃焼

液体燃料と固体燃料の燃え方

石や陶器の皿に入れた液体の燃料に灯芯を浸して炎を作る方法は、液体燃料の利用法として最も古くから用いられてきました。古代の灯りはすべてこの形式でした。ロウソクは固体燃料ですが、ランプと同じくこの方法の進化したものです。液体燃料はこのように灯芯を使って火炎をつくるか、あるいは細かい粒の液滴として燃焼させます。また石油タンクの火災の時のように液体燃料のプールが燃える場合もあります。

一方、木材や石炭のような固体燃料は、熱によって分解した蒸気や気体が拡散火炎となって燃えます。例外は木炭やコークスのような炭素です。炭素は融けもせず、蒸発もしないで、固体炭素の表面で外部から拡散してきた酸素と反応します。炭火で青白い炎が上がっているのを見ることがありますが、その炎は炭素表面反応の生成物である一酸化炭素が二次的に燃えているのです。

各種燃料の引火点

燃料	引火点	燃料	引火点
ガソリン	−41 ℃以下	灯油	35〜50 ℃
アセトン	−25.5〜20	軽油	50〜60
シンナー類	−16以下	重油	60以上
メチルアルコール	−1〜32	ナフタレン	86
エチルアルコール	9〜32	機械油	130〜300
オクタン	17	オリーブ油	225
石油ベンジン	28以下	菜種油	240

液体燃料のプールの燃焼

液体燃料のプールにマッチのような炎を近づけた時、燃料の蒸気圧が高く、表面での燃料濃度が可燃限界に達しているとプールに火がつきます。その限界の温度を引火点といいます。各種燃料の引火点は上表に示してあります。

引火点に達していないプールでも、その一端に強制的に火をつけると、炎を上げて燃え始めます。一度炎ができると、その熱によって近くの液体が加熱され、プールの表面を炎が広がっていくようになります。炎の近くで温度が上がると、液の表面張力が低下し、離れた低温のところの強い表面張力に引かれて液面に沿って温度の高い液が流れます。炎はこの温かい流れに乗って広がっていくのです。プールの温度が引火点よりかなり低い時には、表面温度が引火点に達するまでに時間がかかるので、炎の伝播は起こらないか、あるいはごく遅くなります。これらの中間的な液温の時には炎はある所までいくと一旦とどまり、しばらくするとまた広がるという振動的な現象が生じます。炎がプール全体に広がると、液体燃料は加熱されるばかりになりますから、炎は大きな乱流拡散火炎となってますます激しく燃えるようになります。石油タンクの火災をニュースで見たことがあるでしょうが、炎の勢いは手の施しようのないほど激しくなります。

液滴の燃焼

液体燃料を燃やす時には、液体を霧状にして高温の炉の中に噴霧するのが一般的です。ディーゼル・エンジンでは、シリンダー中の高い圧縮比で圧縮した高温・高圧の空気の中に軽油あるいは重油を噴射します。細かい粒となった燃料は、蒸発しながら自己点火して燃焼するのです。この過程はきわめて早く、しかも液滴はごく小さいので、液体燃料の粒一つ一つがどのようにして燃えるかを観察することは大変むつかしい研究になります。

ボイラーの炉でもロケット・エンジンの燃焼室でも同じことが行なわれているのですが、その基本的な性質は実際の炉やエンジンの中では測ることができません。そこで噴霧中の数マイクロメーターの実際の液滴ではなく、実験室で取り扱える一ミリメートル程度の液滴がどのように燃えるかを実験して、それから実物の小さな液滴の行動を推測しようとする研究が行なわれていて、噴霧中の液滴の燃焼特性が類推できるようになっています。次にその研究のいくつかを紹介してみることにいたします。

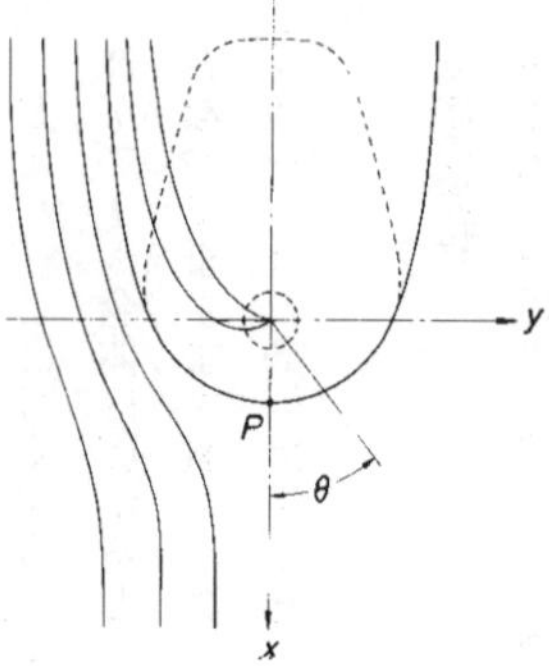

空気中で静止して燃焼する液滴の形状

液滴が空気中で静止している場合、どのように燃えるのでしょうか。細い石英の糸の先に液体燃料をつけると、直径一ミリメートル程度のほぼ球形の液滴ができます。これに点火して燃焼特性を調べてみますと、炎の形は上図のようになり、炎のまわりには強い対流が起きています。こうして燃えている時の液滴の燃焼速度、つまり直径の減少速度は、どの液体燃料でも同じ傾向を示し、直径の二乗が時間に対して直線的に小さくなる性質があることが明らかになりました。次ページの図は燃焼中の液滴の連続写真です。この直径の二乗法則は、温度や圧力などのまわりの条件が変わっても大体成立する液滴の燃焼の基本的な性質です。

今では噴霧中の小さな液滴は、その場でのガスの流動に乗って漂いながら、静止液滴の場合と同じように燃えていると考えられています。したがって、炎のまわりの対流の影響は、先に述べた静止液滴の場合よりずっと少ないと思われます。

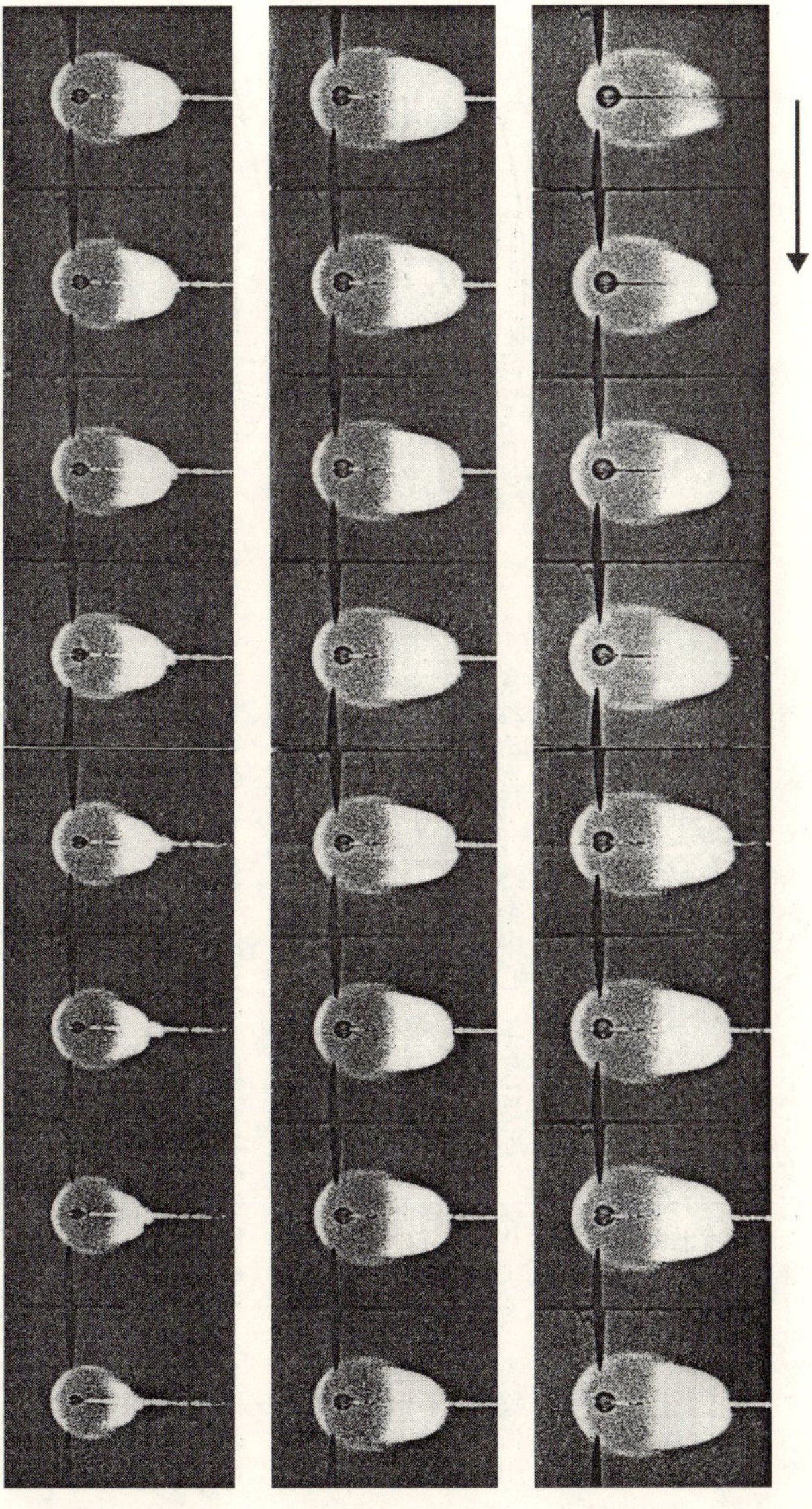

空気中で静止して燃焼中の液滴の連続写真

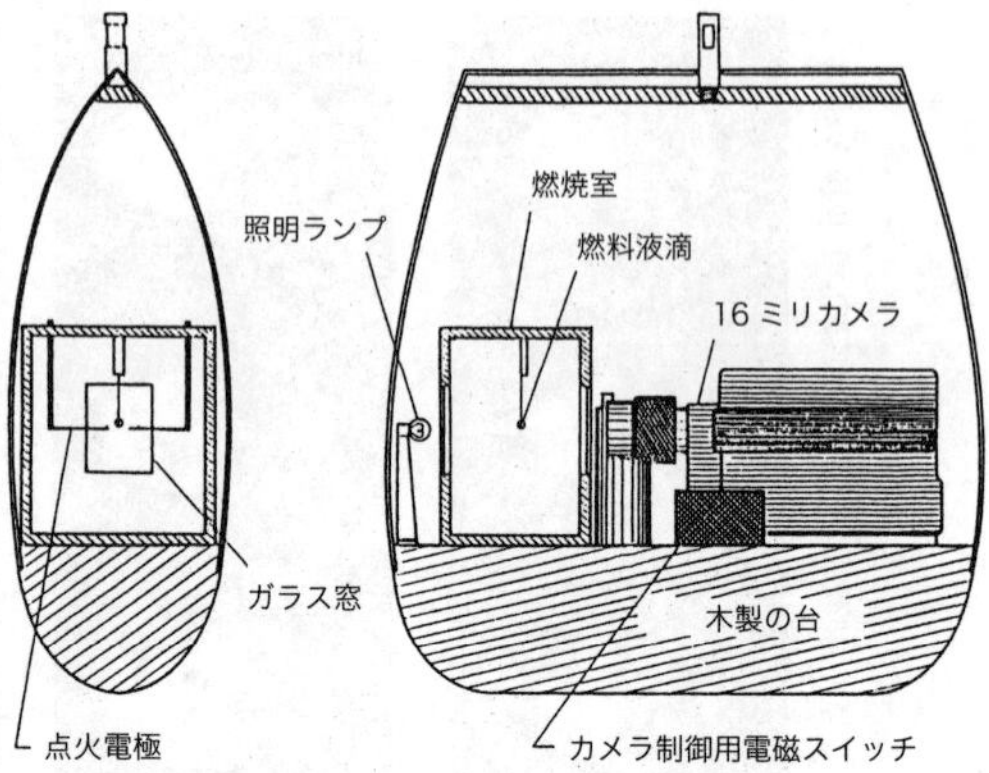

無重力状態での液滴の燃焼を観測する実験装置

スペースシャトルや宇宙ステーションの中は重力のない状態ですので、地上での対流のある燃焼とはまったく異なる燃焼状態を示すに相違ありません。このことを実現するために著者の行なった実験は、自由落下する室内では無重力状態になることを利用して、液滴燃焼装置全体を自由落下させ、その中での燃焼状態を観察しようとするものでした。内部の燃焼室での燃焼の様子を同時に落下させるカメラで記録する実験装置を作って、落下させた結果、次ページ図の連続写真が得られました。対流がまったく生じないので、燃焼は燃料が四方に拡散して酸素と出会ったところで起きています。ですから、形成される炎は液滴を中心とする球形になります。実験に用いたのはn-《ノルマル》ヘプタンというごく軽い燃料でしたので、このようなきれいな炎が見られたわけです。

　これがロウソクのように対流がなければ燃焼を継続できないようなしくみの炎だと、燃焼は不可能になります。事実、スペースシャトルの中での実験ではロウソクの炎

無重力状態で燃焼する液滴の連続写真

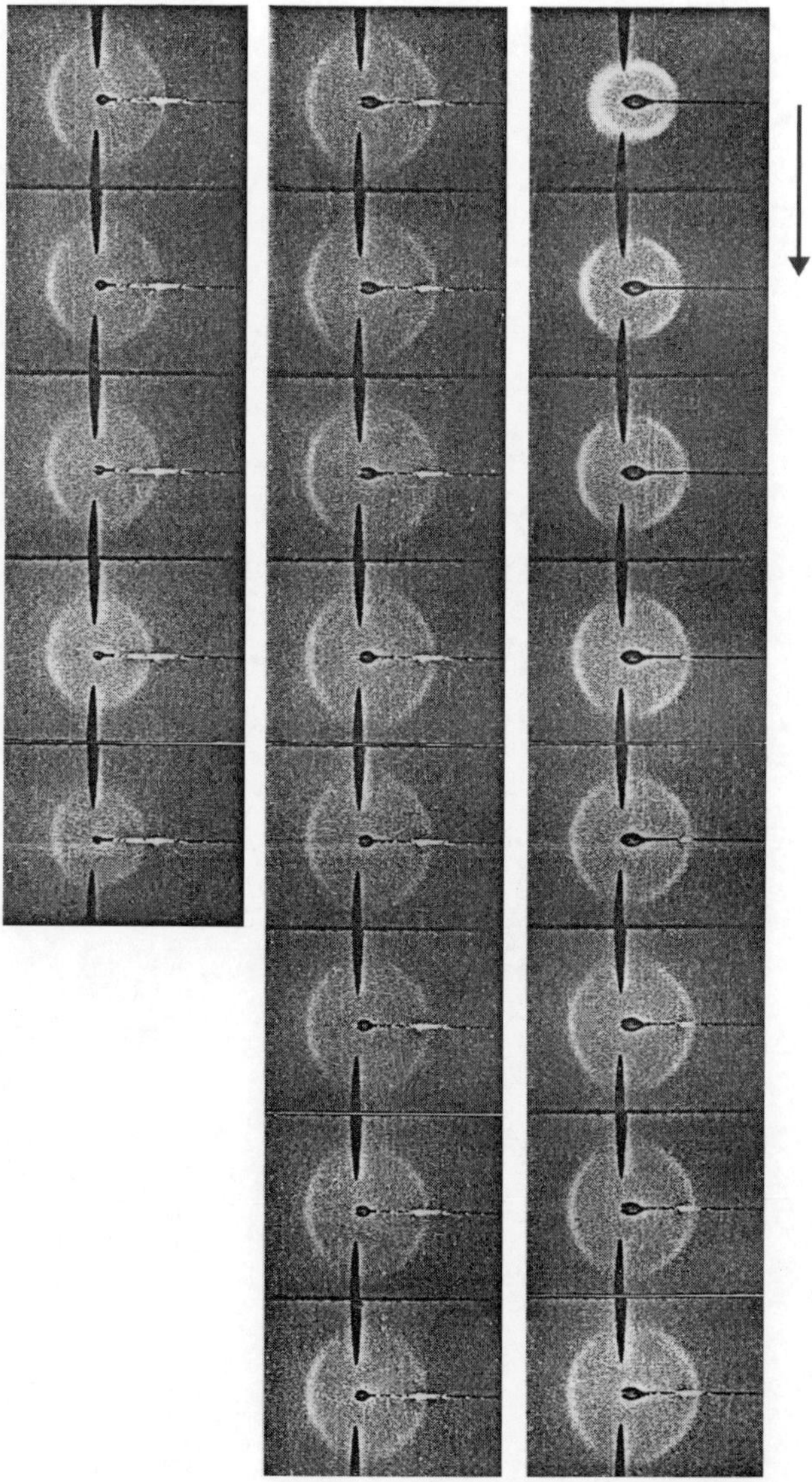

はつぶれてしまい消えてしまいました。

2 ファラデーのロウソクの科学

灯芯による燃焼――ロウソクの炎

ロウソクは、木綿や紙製の芯のまわりにステアリン酸、木蠟、パラフィンなど常温では固体の燃料を巻きつけて作ります。芯の太さは、ロウソクがうまく安定して燃えるようにまわりの蠟の太さとちょうど釣り合うように作られています。芯が太すぎると、炎が大きくなって蠟は融けて流れてしまいますし、細すぎると、まわりの蠟が燃え残って小さな暗い炎になります。このバランスは、何千年というロウソクの歴史の中で学ばれてきた経験です。

先に述べましたように、一八六〇年のクリスマスに行なった六回の講義でマイケル・ファラデーは、当時の人々にとって身近なロウソクを主題にして燃焼とはどういう現象であるかをわかりやすく説明しています。燃焼現象を難しい理論ではなく実験によって一つ一つていねいに解き明かしてゆく彼の講義は、燃焼科学の基本を踏まえて構成された名講義であるばかりでなく、科学の方法論を知る

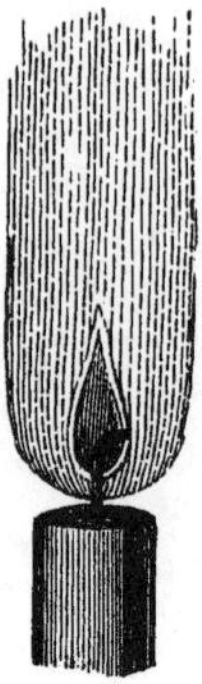

うえで最良の教材と私は信じておりますので、これからファラデーの講義の概要をご紹介します。いちいちファラデーはこういいましたとは記しませんが、ここでの考えはすべてファラデーのもので、〔 〕は私の註です。ファラデーの講義録 *The Chemical History of a Candle* の邦訳はいくつかありますが、現在入手可能なのは白井俊明訳『ろうそく物語』（法政大学出版局）と三石巌訳『ロウソクの科学』（角川文庫）ですので、興味のある方はご一読下さい。そうすれば彼の鮮やかな実験の手並みばかりでなく、科学研究はどういうふうにして進めていかなければならないかということがもっとよくおわかりいただけるかと思います。

第一講（炎―対流―炎の構造）

まずロウソクに火をつけてどのように燃えるかを眺めてみましょう。火のついているロウソクには炎の下に皿の形をしたところができます。芯の近くは炎の熱で融けて液体になりますが、外側は炎の熱によってできる上昇気流で冷やされますから、縁は融けません。このような皿ができることが美しく実用的なロウソクの条件です。皿を作らない素材はロウソクには適しませんし、また見かけがよく、不規則に変形したロウソクは、完全な形の皿の縁を作れないので、実用的ではありません。

融けた蠟は、毛細管現象によって芯を伝わって上昇し、炎の中央部で分解して燃えます。炎が芯に沿って下に燃え広がらないのは、融けた蠟が炎を消すからです。ロウソクをさかさまにして融けた蠟が芯を伝わるようにすると、炎は消えてしまいます。これは炎が燃料を燃える状態にまで熱する時間がないからです。上向きに立ててあれば、ごく少量の燃料だけが芯に上がってきますので、炎はこれを十分に熱することができるのです。

ここで重要なのは、燃焼が気体の状態で行なわれることです。芯のうえで熱せられた蠟は、蒸気になってから燃えます。燃えているロウソクをそっと吹き消すと、蒸気が立ち上るのが見えます。これは固体の蠟が蒸気に姿を変えたものです。ここでマッチの火を近づけると、火がこの蒸気を伝わってロウソクに戻るのが観察されます。

次に、炎の形に注目しましょう。炎は下のほうが丸くなったやや長い円錐状をしており、上のほうが明るく、芯に近い下のほうはそれより暗く、炎の下の外側はやや青く見え、上半分は黄色に明るく輝いています。このように炎が長く伸びるのは、炎の熱によって引き起こされる対流のためです。熱せられた空気が上昇する様子は、炎の影をスクリーンに映してみるとよくわかります。炎の影は明るく輝いているところが逆に暗く映ります。この上昇気流が下から冷たい空気を呼び込んで、融けた蠟をためる皿の縁を冷やしているのです。

第二講（炎の明るさ―燃焼に必要な空気―燃焼の生成物）

ここでは、炎の各部分でどのようなことが起きているのか、どうしてそういうことが起きるのか、ロウソクはしまいには何になるのかを調べることにします。

まず曲がった細いガラス管を炎の中央の暗い部分にさし入れてみます。そうすると蠟の蒸気が管の他の端からでてきます。これに点火すると、ロウソクと同じ炎がみられます。蠟の蒸気は炎の熱によって生じたものです。

一つに見える炎には二つの現象が起こっていることがこれでわかります。第一は蒸気の発生、第二はその燃焼です。この二つの現象はそれぞれ炎の決まった場所で起きています。燃焼が起きてしまった場所から蠟の蒸気を取り出すことはできません。管を上のほうに上げると、管からは可燃性のものは何も出てきません。ロウソクの芯のあるところに可燃性の蒸気が存在し、炎の外側には空気があり、その双方の拡散によってできる予混合気が激しい化学反応を起こして、炎が生じるのです。

炎のどの部分が最も熱いかを調べてみると、化学反応の分布がよくわかります。たとえば、一枚の細長い紙をとって炎の中をくぐらせると、真中ではなく外側が最もよく焦げます。空気と燃焼物質が出会ったところに熱が生じることがこれで納得できたでしょう（ファラデーはこのような簡単な実験で

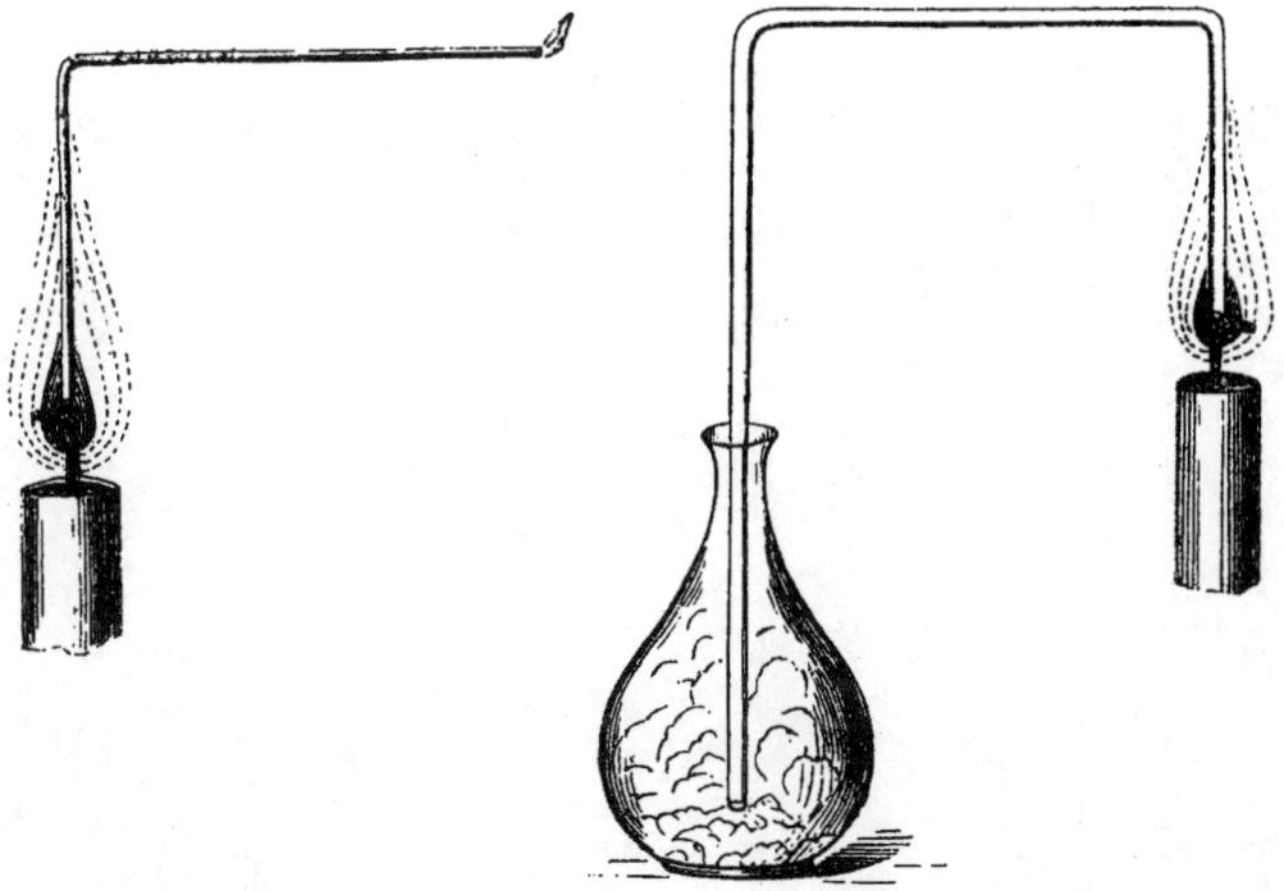

炎の中の温度分布を巧みに示しましたが、今なら熱電対という細い温度計を使って炎の各部の温度が簡単に測れます」。

このことは、燃焼にとっては空気が必要であるばかりでなく、新鮮な空気の供給が必要であることを物語っています。密閉したビンのなかでロウソクを燃やしてみますと、はじめは変わりありませんが、やがて炎は上に伸び、次第に弱くなって、ついに消えてしまいます。ロウソクが消えた後もビンの中は空気で満たされていますので、消えた原因は、空気がなくなったことではなく、新鮮な空気が欠乏したことにあります。ビンの中の空気の一部は変化し、他の部分はもとのままです。しかし、ロウソクの燃焼に十分なだけの新鮮な空気はもはや入っていないのです。

では、次にロウソクの不完全燃焼をみることにします。この現象は大きな実験が必要なので、大きな芯として綿のボールを使い、テレビン油を含ませて、大きな炎を作ってみましょう。この構成は基本的にはロウソクと同じですが、大きな炎にはそれだけ空気をよけいに送らなければなりません。ここでは空気が足りないため、燃焼が不完全になって、分解されてできたススが、ぞくぞくと立ち上っています。ロウソクの燃える時も同じススができることがありますが、それを見る前に一つ大切なことを説明しておきます。ロウソクの燃焼が気体の炎の形で起きることを前に示しましたが、これとは違った燃焼形式はないかといいますと、実はあるのです。たとえば、火薬の中に鉄粉を入れて燃やしてみますと、火薬は炎をあげて燃え、一方、鉄粉は炎ではなく固体のままパチパチと火花となって燃えます。このように燃焼には二つの違った形式があります。照明のための炎の利用もその美しさも、みなこの違った働きによるのです。油やガスやロウソクを灯りに使うことができるのも、この燃焼の相違に基づくものなのです。

再びロウソクの炎にもどって、私たちの目にもっとも明るく見える部分を研究してみましょう。この前の実験と同じように、炎の明るい部分にガラス管を入れると、白い蒸気の代わりに黒い煙が出るのが見られます。これを火に導くと、燃えるどころか火を消してしまいます。この黒い物質は、ロウソクの中に含まれている炭素です。ここで炎を通さない金網を持ってきて、炎に触れるぐらいまで下げると、明るかった光が消え、もうもうと煙が立ち上るのが見られます。

火薬の中で燃える鉄粉のように物質が蒸気の状態にならないで燃える時は、強い光を発します。また、あらゆる物質は燃える時も、燃えない時も、固体のまま熱せられる時には光を発します。ロウソクが灯りになるのも炎の中に固体の粒子が存在するからです。たとえば、ここに白金線があります。

白金は熱によって変化しませんが、石炭ガスの炎の中に入れると強く輝きます。炎を弱くして、少ししか光を出さないようにすると、白金線にあたえる熱はずっと少なくなりますが、それでも白金線のほうがはるかに強く輝きます。

石炭ガスの炎の中には炭素がありますので、炭素を含まない炎として水素をとりあげましょう。水素と酸素の予混合気の炎は非常に高い温度ですが、ほとんど光を出しません。しかし、この炎の中に固体の物質を入れると強い光を生じます。

ここに石灰の一片があります。石灰は燃えもせず、気化もしない物質ですが、酸水素炎の中に入れるとこのようにすばらしく輝きます。これがライムライトといわれる光で、電灯や太陽の光にも肩を並べる明るさです。

ロウソクの炎の中には炭素があります。固体の炭素は熱せられると、輝くと同時に燃えて、目に見えない物質となって空気中に上っていきます。石炭ガスの炎が輝くのも、炎の中に炭素の粒子があるからです。しかし、石炭ガス中の炭素の量は少ないので、空気を多く送ってやりますと、炭素は粒子になる前に燃えてしまうため、炎は明るく輝かないで青白くなります。

以上、ロウソクが燃えるとある一定の物質が生じ、炭素つまりススがその一部であることがおわかりいただけたかと思います。炭素は燃えると別の物質になりますが、これについてはまた後に考えることにいたします。

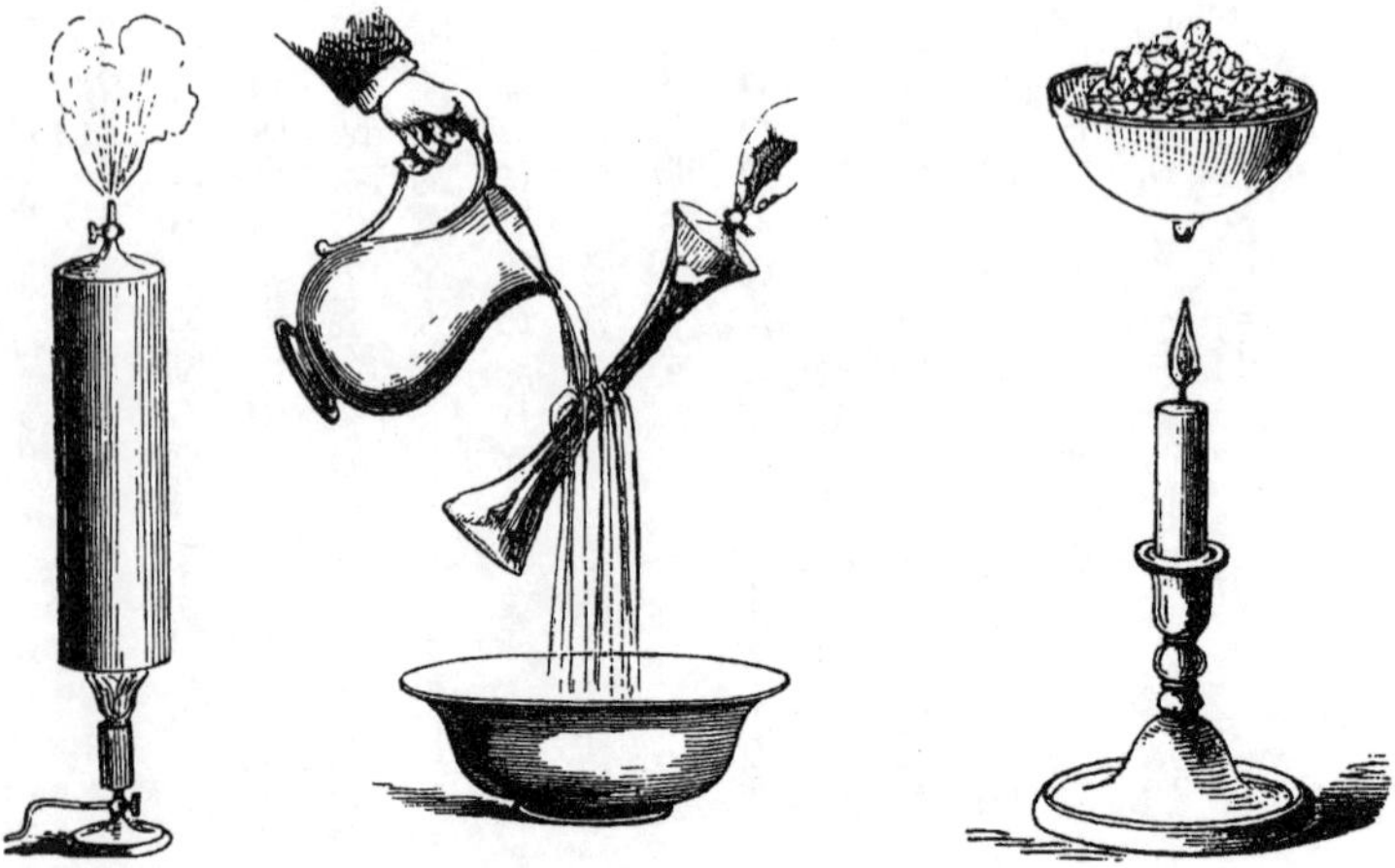

第三講（水の生成―水の性質―化学変化）

ロウソクが満足に燃えている時に生成される物質は、適当な装置を使えば、とらえることができますが、炭素は炎の中で燃えてしまうため、とらえられないことは前に述べた通りです。さらに上昇する流れの一部分を形作っている目に見えない物質があります。一つは流れの中に冷たいものをかざすとその上に凝縮し、もう一つは凝縮しません。

この凝縮する成分は何かといいますと、水です。水であることを証明する実験にはカリウムを使います。カリウムの小片を皿の中の水に投じれば、反応して紫色の炎を上げて燃えます。氷と塩のはいった容器の下でロウソクを燃やすと、容器の底に滴がたまります。この滴にカリウムを働かせますと、皿の中の水に対するのと同じ現象が見られますので、ロウソクからでた滴は水であるこ

とがわかります。同じようにアルコールの炎からも、ガスの炎からも、水が生じます。油一リットルを完全に燃やすと、一リットルより少し多い水が得られます。ロウソクのように炎を上げて燃える物質は必ず水を生じるのです。

ここで水の状態変化についてみておきましょう。固体の水である氷は液状の水より軽く、体積が増えます。鉄製のビンに水をいっぱい入れて凍らせると、膨張して鉄製のビンを壊してしまいます。また、水が熱せられて水蒸気となる時も体積が増加します。水蒸気の入ったブリキ製のビンを冷やすと、ビンがつぶれてしまいます。水蒸気の凝縮によって、内部に真空ができたからです。

ロウソクの燃焼から生じる水は、普通の水と同じであることがわかりました。では、それはどこからきたのでしょうか。水はロウソクの中にあるのでもなければ、ロウソクの燃焼に必要な空気の中にあるのでもありません。この両者が働き合って生ずるのです。つまり、一部はロ

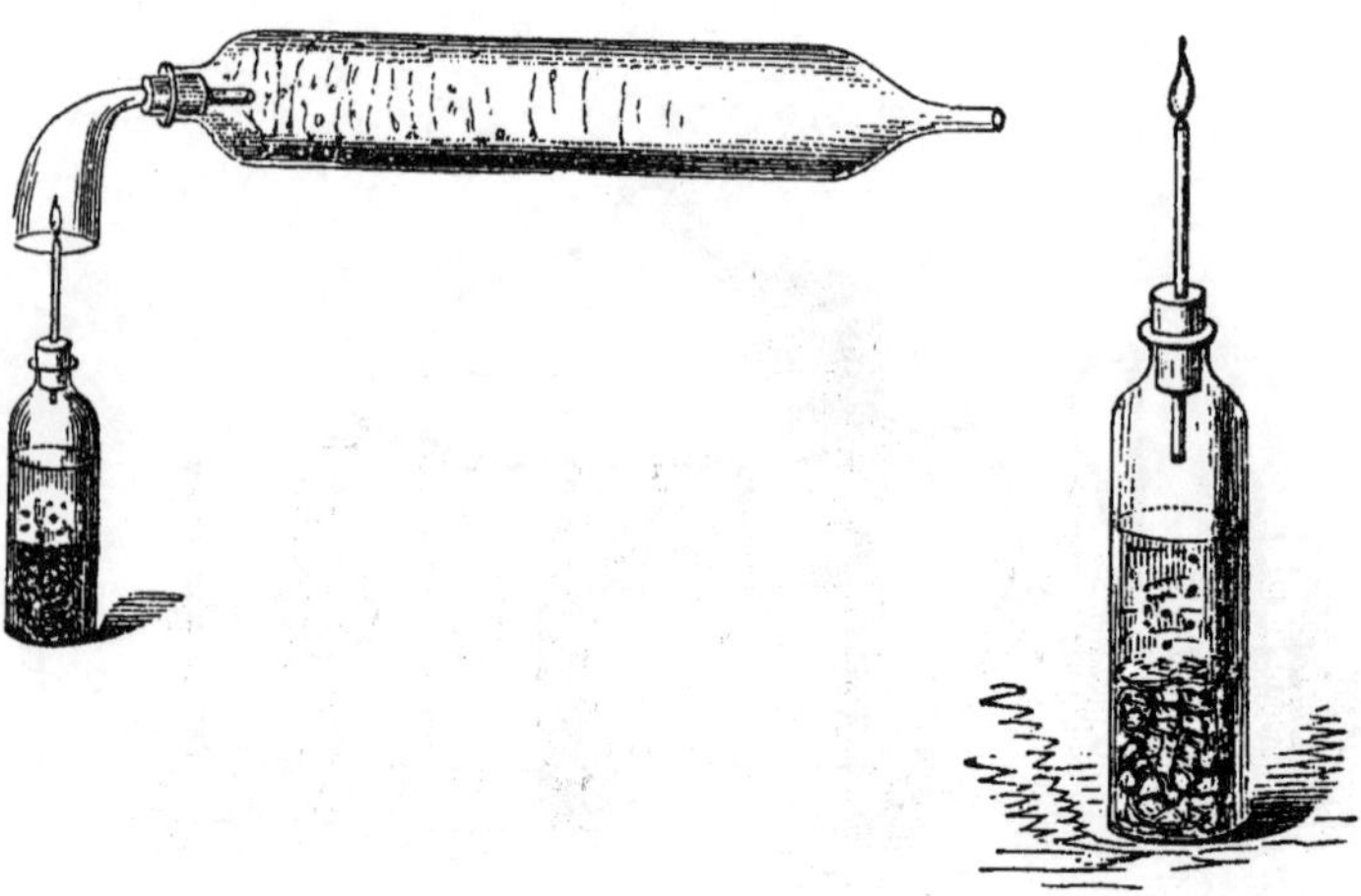

ウソク、一部は空気からきて、炎の中で化学変化を起こすのです。
さきほど滴が水であることを示すのに使ったカリウムは金属で、水と化学変化を起こしてはげしく燃えました。その他の金属、たとえば鉄を水の中に入れると、さびを生じます。これはずっとゆっくりですが、カリウムの場合と同じ化学変化です。化学的な変化が熱の働きによって増加することはわかっています。
そこで、水に及ぼす鉄の作用について一つの実験を行なってみましょう。ここに炉があります。鉄くずを一杯つめた鉄パイプを炉の中で赤熱させ、一端から水蒸気を送り込み、他端から出る気体を水の中を通して逆さにした容器の中に集めます。水蒸気なら水で冷やされて見えなくなるはずですが、容器の中の気体は水に溶けません。これに火を近づけますと、ポンという音がして燃えます。鉄くずが水蒸気にはたらいてこの気体を作ると、鉄くずは燃やした時と同じ状態になります。鉄くずが前より重くなるのは、水蒸気の成分の一部が化学変化を起こして鉄の中に入り込んだからです。

この気体は、亜鉛を弱い酸の中に入れた時にも生じます。実はこの気体は水素と呼ばれる元素なのです。管の先端に火を近づけると、水素が燃えはじめました。炎は弱い光しか発しませんが、どんな炎よりも大量の熱を放出して、ひじょうに熱くなっています。この炎の生成物を集めますと、円筒状のガラス管の内面に露がついて、水が流れ落ちるのが見えます。また水素は軽い気体で、水素でふくらませたシャボン玉はこのように上昇してゆきます。水素は、燃焼の際中にも燃焼後にも固体になるような物質を作りません。燃焼の産物として水のみを作るのは自然界には水素だけであることを記憶にとどめておいてください。

第四講（ロウソク中の水素—燃焼による水の生成—水の他の成分—酸素）

ロウソクが燃える時、私たちのまわりにあるのと同じ水を生じることを知りました。さらにこの水について実験すると、水素という軽い物質が含まれていました。そして水素は燃え、燃えると水を作りました。

これはヴォルタの電池です。まず、この電池の特質と使い方がよくわかるように少し実験を行なってみます。電池の導線の接続を切って、導線の先に相当の長さの細い白金線をつなぎます。接続をいれると、白金線は見事に赤熱します。この白金線に強い電流が流れているのです。

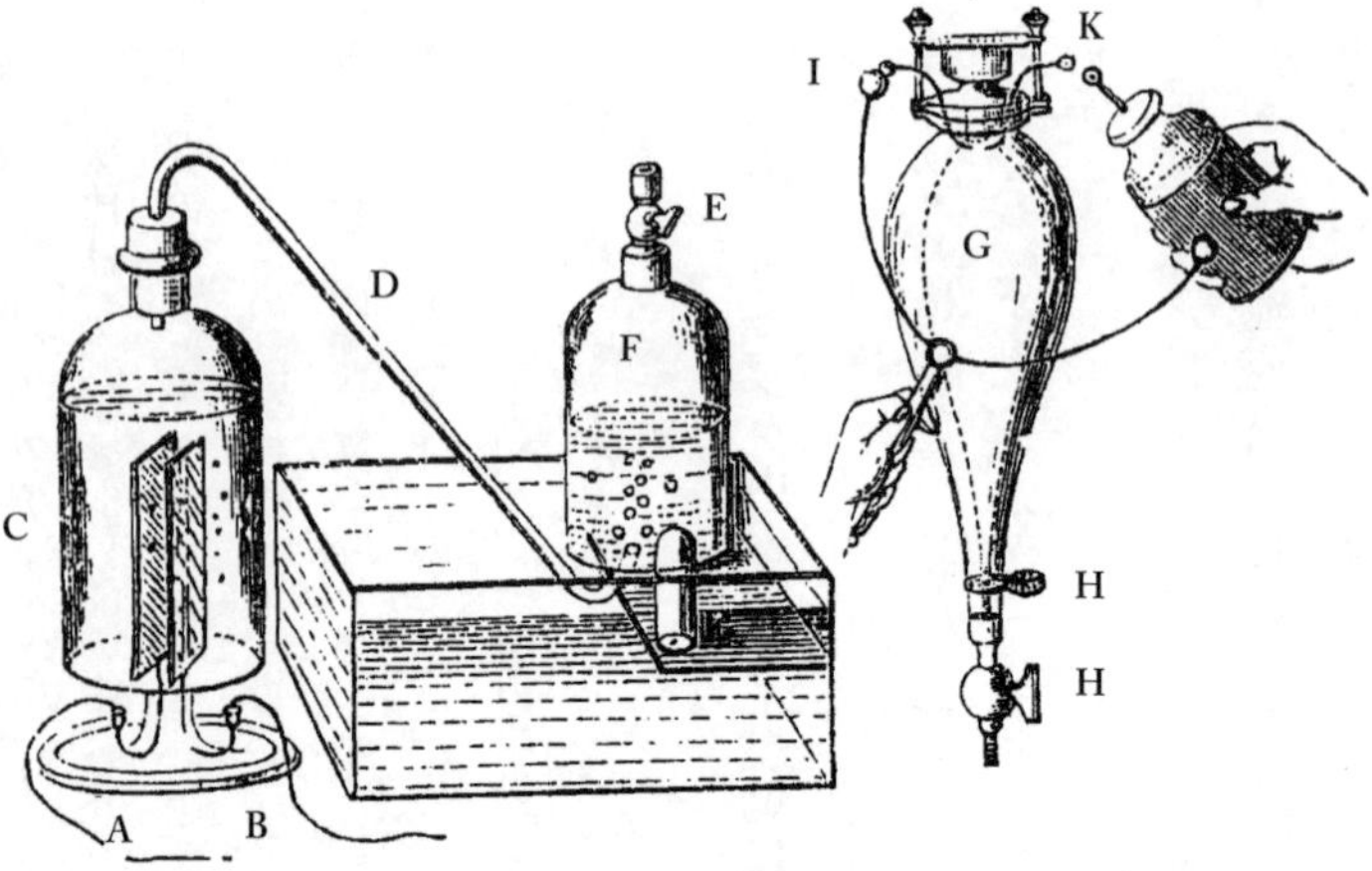

ここに銅があります。ビンの中の銅に硝酸を加えると激しく反応し、赤い蒸気が発生します。この蒸気は有毒なので、吸い込まないように排気します。ビンを見ると、銅は溶け、硝酸は青い液体に変わっています。この液中には銅と他のものが含まれています。

二枚の白金の板を導線につないで電極とし、青い液体の中に入れてみます。電池をつながないと、なんの変化もありませんが、電池をつなぐと、一方の白金板はまったく変化しないのに、他方の白金板は銅色に変わります。白金板の左右を入れ替えると、銅色だった白金板はきれいになり、きれいだった白金板は銅色になります。つまり溶液の中にあった銅が電池の働きによってここに現われたのです。

今度は水に電池がどのような作用を及ぼすか見ましょう。やはり二枚の小さい白金板を電極にします。小さな容器Cは水を分解するために作られたものです。小さなカップA・Bに水銀を入れ、白金板につないだ導線の端を触れさせておきます。容器Cの中には少量の酸を混ぜた水を入れます。酸は作用を起こしやすくするために加えたもので、現象の過程にはなんの影響も及ぼしません。それから曲げた管Dの一端を容器Cの上の口につなぎ、他端を容器Fの下に通します。

これで装置が整いました。前の実験では水を赤熱した管に通しましたが、今度は電気を水の中に通します。水は沸騰するかもしれません。沸騰すれば、水蒸気がでるはずです。ご承知のように、水蒸気は冷却されると、凝結して液体の水になります。

これから実験を始めますので、ご自分の目で確かめてください。電池からの導線の一方をA、他方をBにつなぎます。電極は泡だって見えます。しかし、沸騰しているわけではありません。Fにたまった気体は凝結しないので、水蒸気ではありえません。

では、これは何でしょうか、水素でしょうか。水素なら燃えるはずです。集めた気体の一部に点火すると、爆発して燃えました。確かにこれは可燃性の気体ですが、水素とは燃え方が違います。水素ならこんな音を立てません。ただ、燃える時の炎の色は水素によく似ています。でも、この気体は空気の供給がなくとも燃えました。

この現象をもっとはっきりさせるために、開いた容器の代わりに閉じた容器Gを用意しました。これには二つの電極IとKがついていますので、ここに電気火花を飛ばすことができます。まず容器Gを空気ポンプにつないで、中の空気を抜き取ります。空気がなくなったら容器Fの上に取り付け、H・I・Eの三つのコックを開き、ヴォルタの電池によって水を変化させた気体を満たします。コック

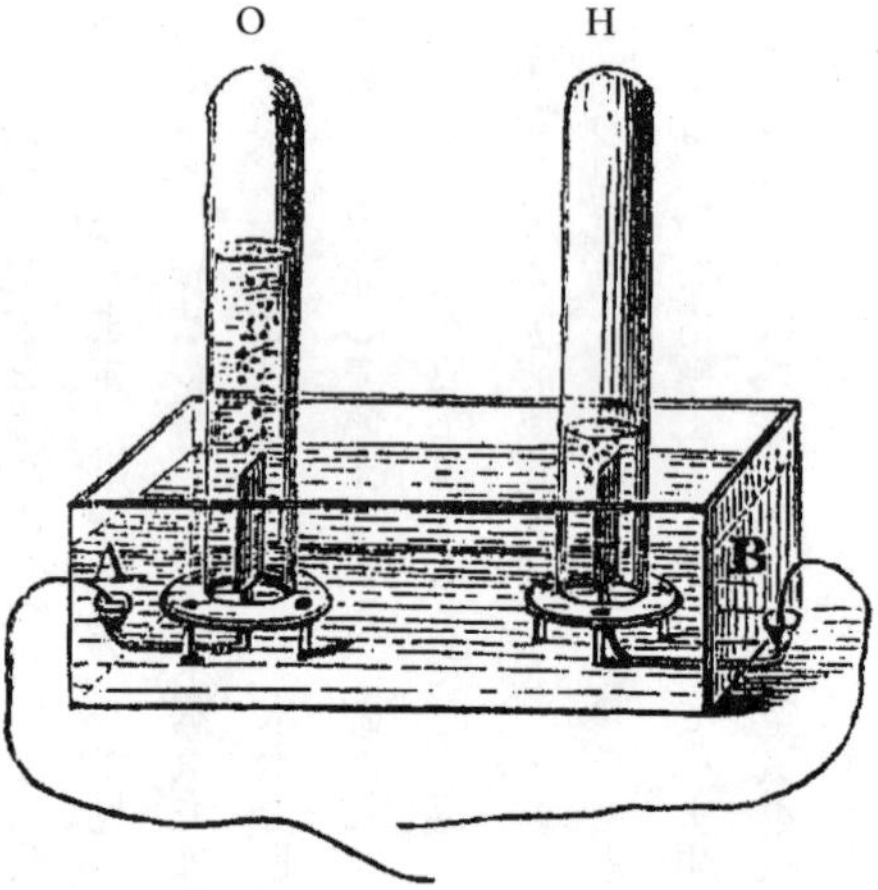

を閉めて、Gを取り外し、容器中に封入してある電極にライデンビンLから高圧電気火花を飛ばすと、明るい火が見えますが、爆発音は聞こえません。これはビンの壁を厚くして丈夫にしているためです。容器の壁が曇って見えるのがわかるでしょう。燃えた後の容器を再びFにつなぎ、コックを開くと、気体が入っていくのが見えます。気体は空気なしで燃えて、水になって凝縮し、容器は空虚になったのです。ロウソクから水ができる時は空気の助けを借りましたが、今度は空気とまったく無関係に水をつくることができました。つまり水にはロウソクが空気中から取り入れた物質が含まれていなければなりません。

先ほど見たように、青い金属塩の溶液から電気は電池の一方の極に銅を引き出しました。それなら水の各成分をそれぞれ別のところに分離することも可能なはずです。二つの電極を水の中に入れ、一方はA、もう一方はBに少し離して置き、穴のあいた小さな台を電極のところに置いて、電極に生じたものが別々の気体として集められるようにします。今、導線を水の入った容器につなぐと、電極から泡があがるのが見えます。これが気体であることはわかっていますので、気泡を集めて何であるかを調べてみましょう。ガラス管OとHに水を満たして、それぞれAとBの上に置くと、Hのほうが速くたまっていきます。両方のガラス管が同じ大きさならば、Hの気体はOの二倍の容積であることがわかります。どちらの気体も無色で、見たところなんの相違もありません。しかし、これから二つの気体を調べて、それが何かを確かめることにします。

はじめにHの管を取ります。中に水素があるかどうかわかりますか。もし水素なら、軽い気体なので、ビンを逆さにしても中にとどまっているはずです。火をつけると、このように燃えます。

では、もう一方のガラス管にあるのは何でしょうか。両者を混ぜると爆発する予混合気になることは、さきほど見ました。火のついている木片をこの気体の中にいれてみますと、気体自体は燃えませんが、木片は激しく燃えます。そこで水の中に含まれているもう一つの物質は、ロウソクが燃えて水を作る時に大気中から取り込んだはずの物質にほかならないと結論されます。水のもう一つの成分は酸素です。ロウソクがなぜ空気中でよく燃えるのかもわかります。水は二容積の水素と一容積の酸素からなっています。しかし、重量は酸素のほうが重く、水の重さの八八・九パーセントは酸素です。水素一リットルの重さは約〇・〇九グラム、酸素はおよそ一・四三グラム、水素の一六倍の重さです。

水からどうすれば酸素を分離できるかを見ましたが、次にこの酸素をどうすれば手軽にたくさん作れるかを示しましょう。ロウソクが燃えて水を生じるのは、空気中に酸素があるからということはす

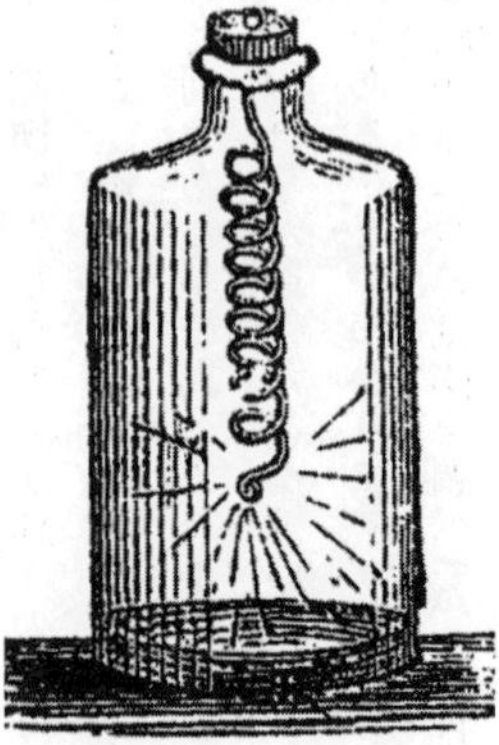

でにご存知です。空気から酸素を取り出すことは可能ですが、かなり面倒な方法が必要なので、二酸化マンガンという黒い物質に塩素酸カリウムを混ぜ、鉄製のレトルトに入れて加熱します。こうすれば酸素を手軽に作ることができます。はじめレトルトから出るガスには空気が混じっているので、捨ててしまわなければなりません。

いくぶん大ざっぱな実験ですが、酸素が燃焼を盛んにする性質を空気と比べてみましょう。火のついた小さなロウソクを酸素の入ったビンの中に入れると、このように激しく燃えます。それでも酸素中で燃えて生じるものは、空気中で燃えて生じるものとまったく同じです。

鉄が空気中で少し燃えることはすでにお目にかけましたが、今度は酸素の中で燃やしてみましょう。はじめ鉄の針金に木片をつけ、これに火をつけてから、酸素の入ったビンの中に入れます。木片が激しく燃えた後、火は鉄に移って、鉄が盛んに燃えるのがみられます。もし酸素が十分にあれば、鉄は全部燃え尽きてしまうでしょう。

この他、硫黄も空気中でよく燃えますが、酸素中ではさらに激しく燃えます。燐《りん》も同様ですが、燐はもともと燃えやすいものですので、酸素中ではもっと激しく燃え、危険な状態になることがあります。ここで少量の燐を燃やしてみますと、このように強い光を出して燃えます。小さな粒子が飛び出して、それが燃えて明るい光を放っていることがわかります。

水素に対する酸素の関係をもう少しくわしく調べてみます。酸素と水素を一緒にビンの中で燃やすと、光は少ししか出ませんが、大量の熱が発生することは、皆さんもうご存じですね。では、水の中に含まれているのと同じ割合の一容積の酸素と二容積の水素の予混合気に火をつけてみますが、これは一度に燃やすには多すぎて危険です。そこで、この気体でシャボン玉を作って、それに火をつけることにします。ほら、爆発しました。シャボン玉を作る管の近くでシャボン玉に火をつけるのは、用心しなければなりません。というのも、爆発が管を伝わって、容器の中に火が入って、容器をこなごなに破裂させてしまうからです。

これで水、酸素、空気の関係が理解できたと思います。カリウムはなぜ水を分解するのでしょうか。それは水の中に酸素があるからです。水の上にカリウムを置くとカリウムは酸素と化合し、分離した水素が燃えます。カリウムを氷の上に置くとカリウムは燃え、氷の上に火山のような現象がおきます。

第五講〔空気の成分―ロウソクからのもう一つの産物―二酸化炭素〕

ロウソクは空気中では酸素の中と同じように燃えないのはなぜか、と誰しも疑問に思うでしょう。一見、同じに見える気体の中に酸素があることを証明する方法の一つを紹介しておきます。ここに気体の入った二つのビンがあります。一つは酸素ですが、もう一つは別の気体です。両者が混じらないように間に一枚のガラス板を入れてあります。この仕切り板を取り去ると、どのようなことが起きるでしょうか。今度は燃焼は起きませんが、気体は赤くなります。この赤色の気体ができるのは酸素のある証拠です〔この酸素を検出する気体は一酸化窒素で、酸素と出会うと赤い色の二酸化窒素になります〕。

この試薬を空気に入れると赤くなりますが、これに水を入れて振れば、赤い気体は溶けて色が消えます〔二酸化窒素は水に溶けます〕。試薬を加え続けますと、やがて赤い色がつかなくなります。この時、残った気体は空気の成分ですが、酸素ではなく、窒素です。すなわち空気は、ロウソクを燃やす成分である酸素と燃焼を起こさない成分である窒素から成っていることがわかります。

窒素は火がつきませんし、普通の状態のもとではこの中で燃えるものはなに一つありません。無味・無臭で、酸性でもなく、アルカリ性でもありません。私たちの感覚にはほとんど感じません。それゆえ、皆さんが「それは何もないのと同じことだ。化学的には少しも興味がない。窒素は空気中でなんの役をするのだろう」と疑問を抱かれるのも無理はありません。そこで、この問題をもう一度根本

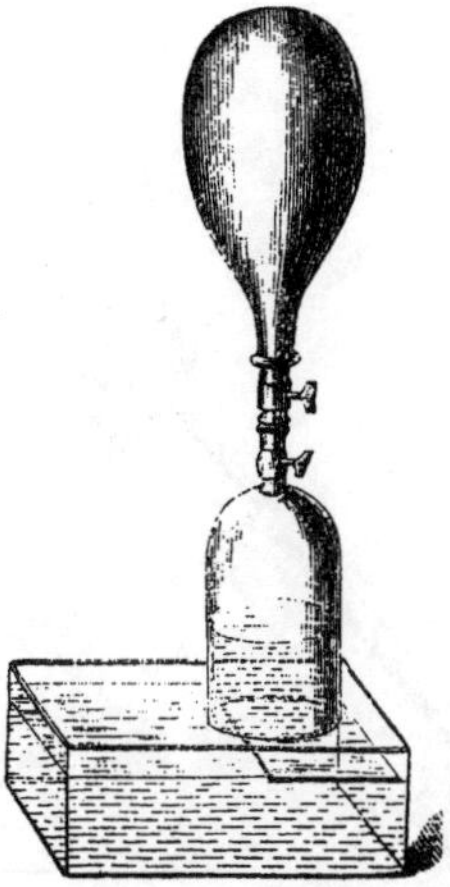

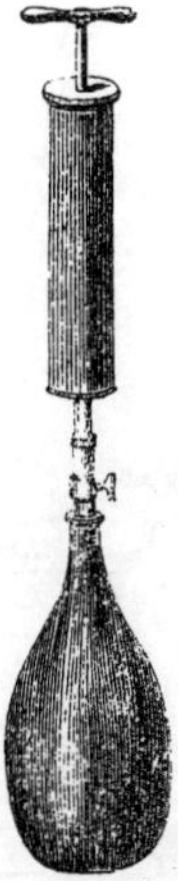

的に考えてみることにいたしましょう。

今かりに空気が酸素と窒素の予混合気ではなく、酸素ばかりだとします。赤熱した鉄が酸素の中で燃えることは覚えていますね。鉄は酸素の中では石炭のように燃えます。大気の成分がすべて酸素だったら、機関車の中の火は燃料置き場の火事みたいになるでしょう。しかし、窒素があると火を加減して、私たちが使えるようにしてくれるばかりでなく、ロウソクが燃える時にみたように、燃焼生成物を運び去ってくれます。窒素は無力な存在のように見えましたが、それどころか、すこぶる有用な働きをしているのです。

空気の組成は、容積で窒素八〇、酸素二〇、質量で窒素七七・七、酸素二二・三の割合です〔今日知られている空気の容積組成は窒素七八、酸素二一、その他アルゴン・二酸化炭素など一、質量組成は窒素七五・五、酸素二三・二、その他一・三です〕。一リットルの質量は窒素が一・二五一グラム、酸素が一・四二九グラムですから、窒素のほ

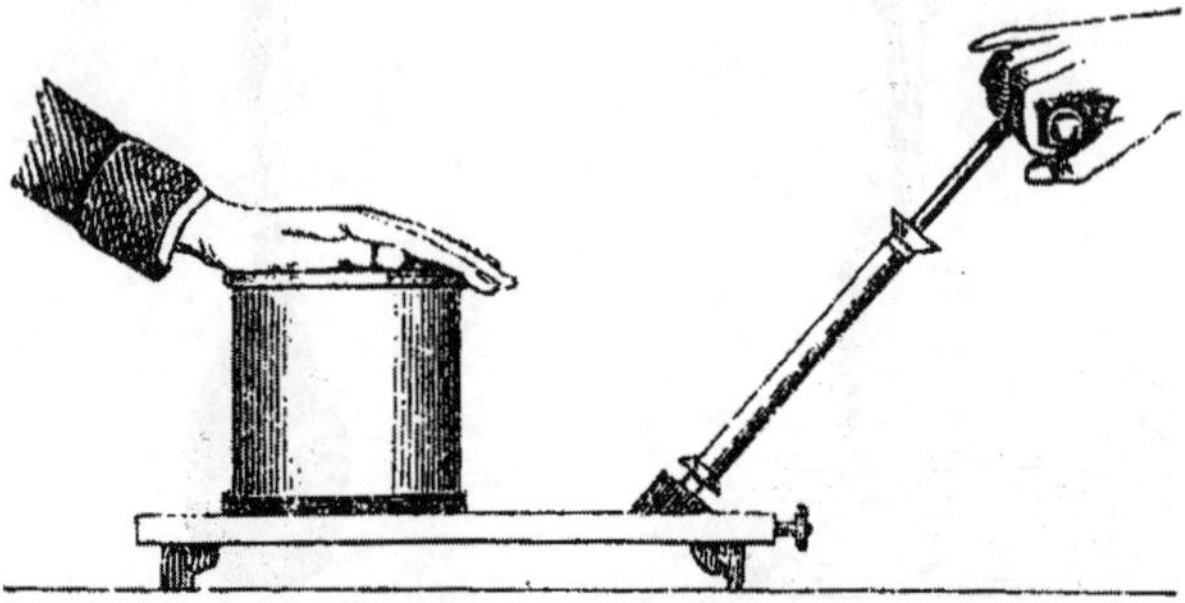

うが少し軽いわけです。なお、空気の質量は一・二九三グラムです。

このような気体の質量をどうやって測るのかと疑問に思われるかもしれません。それはきわめて簡単です。ここに銅製の容器があります。完全に気密に仕上げてあり、壁は薄いけれども丈夫です。上に自由に開閉できるコックがあり、開くと空気が中に入ります。これを天秤に載せて、もう一つの皿の上に置いた分銅と釣り合わせておきます。この容器の中にポンプで空気を押し込みます。その量はポンプを押す回数で測れます。コックを閉じて天秤に載せると天秤は傾きます。前よりだいぶ重くなっています。容器の容積は変わっていませんから、同じ空間に前より多くの空気が圧縮されて入っているのです。

どれくらいの容積の空気が圧縮されているかを見るには、銅の容器の中の空気を水を満たした容器の中に導いて自由に膨張させれば、体積が測れます。このことを確かめるために、容器をもう一度天秤に載せます。天秤は釣り合いました。こうして押し込んだ空気の質量を測ることができ、一立方メートルの空気の質量は一・二九三キログラムであることが計算できます。この講堂の中の空気の質量を計算してみますと、一トン以上あります。

空気の質量を実感できる実験を二、三やってみます。ここに手を乗せることのできる容器がありま す。そのままでは空気の抵抗はまったく感じませんが、手を乗せたまま容器の中の空気をポンプで抜きますと、手を離すことができなくなります。これは手の上の空気の重さ、つまり圧力によるものです。もう一つ別の実験をして見ます。ガラスの筒の上に豚のぼうこうをぴんと張ります。この筒の中の空気を抜いていきますと、この薄膜はへこみ、やがて音を立てて破裂してしまいます。これも膜の上の空気の圧力によるものです。

ここに水のいっぱい入ったコップがあります。この水をこぼさないようにコップを逆さにできますか。やってみましょう。コップにいっぱいでも、半分くらいでも水を入れて、上に平らな紙をのせます。それを注意深く逆さにしますと、水の表面張力のために紙とコップは密着して、空気は中に入れず、水はこぼれません。

もう一つ空気の性質を知る実験をしましょう。細い管を使った紙鉄砲をご存知だと思います。この管でジャガイモかリンゴを突き刺して、これを管の端まで押しやって、栓をします。それから同様にして別の端に栓をします。これで二つの栓の間の空気は完全に封じられました。二度目にした栓を押しても、最初の栓に押し付けられないことがわかるでしょう。ある程度まで空気を圧縮できますが、二つの栓が接触しないうちに先のほうの栓が音を立てて飛び出してしまいます。二つの栓の間に閉じ込められた空気が圧縮されて、圧力を生じたのです。これは空気の弾性という性質によるものです。

空気の弾性を示す実験をもう一つしておきます。ここにゴム風船があります。これをガラス鐘の中にいれて空気を抜くと、ゴム風船は膨張して、しまいにはガラス鐘いっぱいになります。再び空気を入れると、もとの大きさに戻ります。空気はこのように極度に伸び縮み可能であり、だからこそ自然の営みの中で重要な役目を果たしているのです。

ロウソクを燃やした時、確かめたことを思い起こしてください。ススと水は捕まえましたが、その他のものは空気中に飛び去ってしまいました。ここでは飛び去ったものについて少しくわしく研究してみましょう。ロウソクを立てて、それにガラスの煙突をかぶせます。空気は下から上に自由に通り抜けますから、ロウソクは静かに燃えています。やがてガラスの壁面が曇ってきます。これはロウソク中の水素が空気中の酸素と化合してできた水です。

しかし、まだこの他に何か上に出てくるものがあります。これは凝結しませんし、煙突の口から流れ出る気体の中に炎を持っていくと、このように消えてしまいます。燃焼の結果残るのは窒素ですから、炎が消えるのは当然であると思われるかもしれません。けれども、窒素以外にも何かありはしないか調べてみることとします。そこで空きビンを逆さにして煙突の上に持っていき、ロウソクの燃焼によってできた物質を捕らえます。すると、この物質は燃焼を妨げるばかりでなく、別の性質のあることがわかります。

ここに生石灰があります。これに水を注いでかき回し、濾紙でこすと透明な石灰水ができます。ロウソクからでた気体を集めたビンの中に石灰水を少量注ぎまと、石灰水は牛乳のように白濁します。これは空気だけではけっして起こらない現象です。酸素にしろ、窒素にしろ、その他空気に含まれている何ものでも、石灰水に変化をひきおこすことはありません。石灰水を作るのに用いた石灰が、ロウソクの燃焼によって生じた物質と化合したに相違ありません。これについて少し立ち入って調べてみたいと思います。酸素や窒素や水などには及ぼさないが、この物質に及ぼす石灰水の作用によってしか私たちはこの物質の存在を知ることはできません。これはロウソクからでてくる未知の物質です。

石灰水とロウソクの燃えた気体とでできた白い粉は、まるで白墨のように見えます。これをくわしく調べてみますと、白墨とまったく同じ物質であることがわかります。白墨を少し湿らせてレトルトに入れ、赤くなるまで熱しますと、ある気体が出てきます。これはロウソクが燃えた時にでる気体とまったく同じもので、石灰水と化合して白墨を作ります。

この気体が二酸化炭素で、自然界にはたくさんあります。あらゆる石灰岩は大部分この気体でできていますし、貝類やサンゴ、大理石もそうです。二酸化炭素を大量に作るには、大理石を塩酸に入れます。そうすれば激しく沸騰して、二酸化炭素を生じます。こうして集めた二酸化炭素は可燃性でもなく、燃焼を助けることもありません。水にはごく少量溶けて、すっぱい味の飽和溶液を作ります。二酸化炭素は重い気体で、質量は一立方メートル当たりほぼ二キログラムです。二酸化炭素は重いので、空気で膨らました風船を二酸化炭素を注ぎ込んだビンに入れますと、空気との境目に浮かびます。

第六講（炭素－石炭ガス－呼吸と燃焼）

この前はいろいろ実験して、二酸化炭素が石灰水を白くにごらせ、大理石と同じ炭酸石灰を生じることを見ました。しかし、二酸化炭素の特質については立ち入った議論をしなかったので、ここで考えることといたします。

ロウソクの燃焼によって生じる水を調べて、二つの成分元素を突きとめましたが、では、二酸化炭素はどのような元素からできているのでしょうか。ご承知のように、ロウソクがよく燃えないとススを生じ、よく燃えるとススを生じません。またロウソクの炎が明るいのは、このススが輝いて燃えているからです。

では、スポンジにしませたテレビン油に火をつけてみます。ご覧のように実に多くのススが飛んでいきますが、酸素の入ったビンに移せば、ススはすっかり消えてしまいます。炭素が酸素中で完全に燃焼して、二酸化炭素に変わったのです。しかし、酸素が不十分で、うまく燃えない時には炭素が粒になって、ススとしてでてきます。

炭素と酸素が化合して二酸化炭素になることをもっとよく示す実験を二、三してみましょう。酸素を満たした容器の中に赤熱した木炭の粉を入れると、空気中で燃える時とは違って、遠くからだと全体が一つの炎になって燃えているかのように見えるでしょう。ところが、実はそうではありません。炭の粒子は一つ一つ火花になって燃えているのです。炭素はこのように燃えるのであって、炎になって燃えないことは覚えておいてください。

次に、粉ではなく、もう少し大きな炭の塊を燃やしてみます。炭の塊は火がつきにくいので、つけ木をつけて着火し、酸素の入った容器に入れると、よく燃えます。しかし、炎は上がっていません。炭つまり炭素が酸素と結びついて、二酸化炭素を作り出しています。

木の皮で作った炭は、燃えると熱で細かく割れ、はじけて空気中に飛びます。その細粒は、全体の固まりと同じように独特の燃え方をしています。多くの小さな燃焼が起こりながら、炎を出していません。これは炭が火花を飛ばして燃えることを示す見事な例です。

炭は、あたかもまわりの気体にとけていくかのようにだんだん小さくなっていきます。純粋の炭素なら、あとには何も残りません。炭素は固い密な固体として燃えますが、通常の状態ではけっして凝縮して液体になったり、固体になったりせず、気体に変わります。しかも、炭素は酸素と結合して二酸化炭素になっても、容積は同じです。合成された二酸化炭素は、その成分である酸素と同体積を占めるのです。

二酸化炭素は炭素と酸素の化合物ですから、その成分に分解できます。カリウムは常温でも炭酸ガスに働くことができますが、すぐに表面に膜ができるので、今の私たちの目的には不十分です。しかし、カリウムを空気中で燃焼点以上に熱すると、ごらんのように二酸化炭素の中でも燃えます。しかし、空気中ほどよくは燃えません。二酸化炭素の酸素がかなりしっかりと炭素と結合しているからですが、それでも燃えて酸素を取り去ります。

次にこのカリウムを水に入れますと、苛性カリの他に若干の炭素ができます。今は五分しか燃やさなかったのでわずかですが、一日をかければ相当量の炭素がたまります。これで二酸化炭素が炭素と酸素からできていることを証明できました。炭素が普通の状態で燃えると、必ず二酸化炭素を生じることがおわかりいただけたと思います。

ここに石灰水入りのビンと木片があります。木片を石灰水の中に入れて振っても、何の変化も起きません。しかし、木片を石灰水の入ったビンの中で燃やすと、石灰水はにごります。これは二酸化炭素ができた証拠です。

木の中の炭素は簡単に目にすることができます。木に火をつけて、一部分燃やしてから火を消すと、炭ができます。もっとも、炭素は必ずしも炭の形をとるわけではありません。ロウソクはその好例で、炭素を含んでいても、炭にはなりません。

石炭ガスは燃焼時に多量の二酸化炭素を発生しますが、炭素を見ることはできません。では、これをお目にかけましょう。ビンの中に入っている石炭ガスに火をつけると、炭素は見えませんが、炎が見えます。炎が明るいことから、炎の中で固体の炭素が燃えていることに思い至るはずです。

別のやり方で炭素をお目にかけることもできます。このビンには石炭ガスと塩素が混ぜてあります。塩素は水素とは結合しても、炭素とは結合しません。ロウソクでこの予混合気に火をつけると、水素はなくなっても、炭素はなくならず、濃い煙になって後に残ります。

これで炎の中には炭素が存在すること、また石炭ガスやその他炭素を含む物質を空気中で十分に燃やすと、炭素を生じることがおわかりいただけたかと思います。

炭は固体として燃え、その際、光を発することはすでに述べましたし、燃えてしまうと固体としては残らないことも観察しました。このような燃え方をする物質はごくわずかしかなく、石炭、木炭、木材だけです。もし、あらゆる燃料が燃焼の際に鉄のように固体の物質を生じるとすれば、どのような事態になるか想像してみてください。わたしたちの炉は使い物にならなくなります。

このガラス管の中には炭素と同じくらい燃えやすい物質が入っています。ガラス管を割ると、ひとりでに火がつきます。これは鉛です。細かい粉になっていますので、まわり中から空気があたって燃えます。しかし、それがひとかたまりになってしまうと、もはや燃えません。燃焼によってできた物

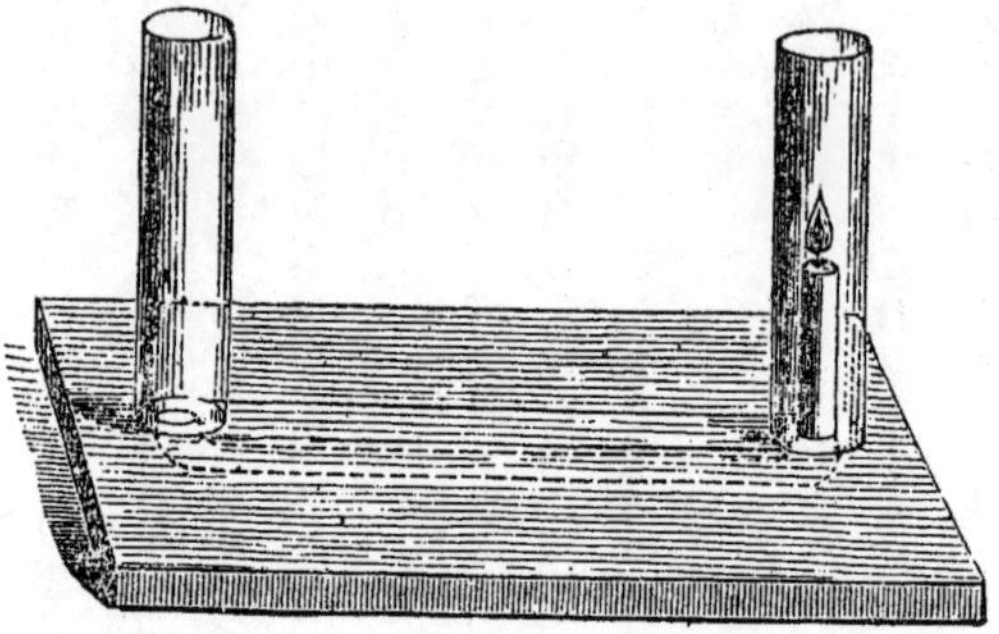

質がまだ燃えていない部分にくっついて、空気に触れなくなるからです。これでは燃料よりも灰のほうがたくさんできてしまいます。炭素は燃えても気体となって発散しますから、このようなことにはならないのです。炭素が燃料としていかに優れているかおわかりいただけたと思います。

今度はロウソクの燃焼と私たちの体内で行なわれている生体の燃焼の関係を考えてみましょう。私たちの内部ではロウソクの燃焼にそっくりな生きた燃焼が起こっています。人間の生命とロウソクの関係は、詩的な意味においてだけ真実なのではありません。それをご説明いたしましょう。

ここに溝をほった板があります。溝の上に板をかぶせ、両端に穴をあけてガラス管を立てます。こうすれば空気は溝を通って自由に通り抜けられます。一方のガラス管の中にロウソクを立て火をつけますと、空気は他のガラス管から下に降り、溝を通ってロウソクのある管を上昇

していきますので、ロウソクはよく燃えます。空気の入る口をふさぎますとロウソクは消えます。空気の供給が絶たれたからです。私の吐いた息でも同じことがおきます。口をガラス管に当て、ロウソクを吹き消さないように口から出る息を管の中に入れますと、ロウソクは消えます。私の肺の中で酸素がとられた結果、はく息の中に酸素が不足したからです。

これはロウソクの科学にとって重要なので、もう一つ実験をしてみます。新鮮な空気の入っているガラス鐘に管を通した栓をし、中の空気を一回吸って、はきます。燃えているロウソクをはいた空気の中に入れますと、消えてしまいます。ただ一回の呼吸で空気はこのように変質してしまうのです。

この点をさらにはっきりさせるために、はき出した空気が石灰水にどのように働くかを調べてみましょう。ここに石灰水の入ったビンがあります。ガラス管Aからゆっくりと空気を吸い込んでも、石灰水には何も変化が起きません。しかし、ガラス管Bからはいた息を数回石灰水にくぐらせますと、石灰水は白くにごりますので、はく息には二酸化炭素が含まれていることがわかります。

私たちは昼間も眠っている間も絶えず呼吸をしています。呼吸すなわち肺に絶えず空気が接触することは、私たちの生命にとって不可欠の営みです。私たちは食物を摂ります。食物は体内の管や器官を通り、消化器に運ばれ、変化した部分は一組の管により肺に行き渡ります。一方、私たちが呼吸する空気は、別の一組の管を通って肺に出入りし、非常に薄い膜を隔てて食物に接近します。ここで空気は血液に対してロウソクの場合と同様の作用を及ぼすのです。ロウソクは空気の一部と結合して二酸化炭素を作り、同時に熱を発生しますが、肺の中でもこれと同じような変化が起きます。肺に入りこんだ空気は、遊離状態ではなく、すぐに反応できる状態の炭素と結合して二酸化炭素を作り、大気中にはき出されます。こうして食物は燃料であると考えることができるという結論に達します〔ファラデーがこのような説明をしたのは、講演時にはまだヘモグロビンの生理機能が明らかになっていなかったからです〕。

砂糖を例に取って説明しましょう。砂糖は、炭素と水素と酸素の化合物です。これらはロウソクに含まれているのと同じ元素ですが、質量の割合がちがい、炭素七二、水素一一、酸素八八から砂糖はできています。ここで注目すべきは、水素と酸素の割合が水と同じであることです。とすれば、砂糖は九九の水と七二の炭素から成るといってもいいわけです。この炭素が呼吸作用によって吸いこんだ空気の酸素と結合して、いわば私たちを生きたロウソクにし、このうえなく見事で単純な方法で生命を保つのに必要なこうした作用や熱やもっとすばらしい結果を生じるのです。

これをもっと印象づけるために、七五パーセントが砂糖のシロップを使って手早く実験してみましょう。シロップに少し硫酸を加えると、硫酸が砂糖の水を取ってしまい、後に黒い炭素が残ります。ご承知のように砂糖は食物ですが、皆さんの予期しなかったところにこのような大きな炭の塊を目にするのです。

一本のロウソクは、四時間、五時間、六時間、あるいは七時間燃え続けます。では、二酸化炭素となって大気中にでていく炭素の量は、一日にどれくらいになるのでしょうか。二四時間の呼吸によって大人は二〇〇グラム、乳牛は二キログラム、馬は二・二五キログラムの炭素を二酸化炭素に変えます。このようにすべての温血動物は、炭素を呼吸器の中で燃やして、その時間だけその体温を保つのです。

ロンドンでは二四時間に呼吸だけで生じる二酸化炭素の量はおよそ二五〇万キログラムです〔一八六〇年当時〕。では、この二酸化炭素はどこに行くのでしょうか。もし炭が燃える時、鉄や鉛のように固体の酸化物を作るのであれば、どうなるでしょうか。燃焼は継続できません。しかし、炭の燃焼の産物は気体となって大気中に運び去られます。

後がどうなるかといえば、植物が二酸化炭素を吸収して、成長し、繁茂します。あるものには毒になるものが、他のものには薬となるのです。自然界のあらゆるものは、自然の一部分を他の部分のために役立たせるような自然の法則によって互いに結びつけられているのです。

さきほど発火鉛の粉を燃やしてみました。発火鉛は空気に触れるとすぐに反応しました。この働きは、あらゆる化学変化を生じさせる化学親和力です。呼吸の際にも同じ働きが私たちの中で進行しています。ロウソクの燃焼の際も同様です。

もしも燃焼生成物が表面から離れていくならば、発火した鉛は最後まで燃えつづけるでしょう。ご承知のように、この点で鉛と炭の間には大きな違いがあります。鉛は空気に触れるやいなや発火しますが、炭は何日でも、何週間でも、何カ月でも、何年でも変化なく空気中にあります。燃料として用いるのに適した物質が、他から火をつけなければ燃えないで待っているのは、不思議といえば不思議です。石炭ガスの栓をひねると、ガスが流れ出ますが、火はつきません。火をつけて、炎を吹き消しますと、新しく出てくるガスはもはや燃えません。

物質が違えば、それに火がつくまで熱する温度は違います。ここに火薬と綿火薬があります。どちらも非常に燃えやすいものですが、発火の温度が違います。熱した針金をあてると、綿火薬は爆発しますが、火薬のほうは針金の一番熱い部分でも火がつきません。この実験は、物質にはそれぞれ特有の発火温度のあることを示しています。ある場合には物質はちょうど燃焼の起こる温度になるまで待っていますが、他の場合には待ってはいません。たとえば、呼吸作用では空気が肺に達するやいなや、炭素と結合します。体がこごえんばかりの低温でもこの作用はただちにはじまり、呼吸によって二酸化炭素を作り出します。こうしてすべてのものが適切に進行してゆきます。

こういうわけで、燃焼と呼吸が驚くほど見事に似ていることがおわかりいただけたかと思います。

参考文献

本書を執筆するに当たっては、多くの既刊図書を参考にさせていただき、引用させていただきました。そのうち主なものは次のとおりです。

第一部

柳田国男『火の昔』（角川文庫）

内阪素夫『日本燈火史』（つかさ書房、一九七四年復刻）

小口正七『火をつくる——発火具の変遷』（裳華房、一九九一年）

安田喜憲『気候が文明を変える』（岩波書店、一九九三年）

徐朝龍『長江文明の発見』（角川書店、一九九八年）

ジョン・パーリン（安田喜憲・鶴見精二訳）『森と文明』（晶文社、一九九四年）

H・W・ディキンソン（磯田浩訳）『蒸気動力の歴史』（平凡社、一九九四年）

C. Singer (ed.), *A History of Technology* (Oxford University, 1954-8), 5 vols.

M. Daumas (ed.), *A History of Technology and Invention* (John Murray, 1980), 3vols.

S.J. Pyne, *Fire in America:a cultural history of wildland and rural fire* (Princeton University Press, 1982).

J.W. Lyons, *Fire* (Scientific American Books, 1985).

H. Rossotti, *Fire* (Oxford University Press, 1993).

J. Goudsblom, *Fire and Civilization* (Penguin, 1994).

E. Angelucci et. al., *The Automobile: from steam to gasoline* (Macdonald and Jane's, 1975).

第二部

ファラデー（矢島祐利訳）『ロウソクの科学』（岩波文庫）

I. Glassman, Combustion (Academic Press, 1977)

R.M. Fristrom and A.A. Westenberg, *Flame Structure* (McGraw-Hill, 1965).

A.G. Gaydon and H.G. Wolfhard, *Flames:their structure, radiation and temperature* (Chapman and Hall, 1953).

J.A. Barnard and J.N. Bradley, *Flame and Combustion* (Chapman and Hall, 1985).

あとがき

本書は、人と火とのかかわり合いを主題として概観したものです。人類が他の動物種と違った進化を遂げてきた最大の理由は、人が恐ろしい破壊力を秘めた火を飼いならすことに成功したためであると思います。道具を使う動物はいても、火を自分の生活に取り込んでいる動物はありません。何百万年の人類の進化の過程で火を物の加工や暖房、調理、そして灯りなど直接的に利用する時代が長く続きました。火を使ってものを作り出す技術が現われるのは最後の氷河期が終わったころで、形のある土器が出土します。それからの火の技術の進歩の速さはすさまじく、すべてがなんの理論も計測器もない試行錯誤の積み重ねであるにもかかわらず、いろいろな金属の精錬法を知り、その加工技術を習得していきました。これから生まれた火の技術が、今日の文明社会につながっているのです。

第二部に一九世紀以来発展してきた火の科学の結果を抄録してあります。いま環境問題の主役は、化石燃料を大量に燃焼させることから起こる問題です。そもそも燃焼現象とはどのようなしくみなのかを燃焼現象の基本的性質から考えるためにまとめてあります。さらにその後半に一八六〇年にファラデーが少年・少女のために行なったクリスマス講演の概要をのせておきました。この講義は、科学的な知識としては少し古いところもありますが、ロウソクの燃焼を主題として燃焼現象にまつわる事柄を頭ごなしに教えるのではなく、一つ一つ徹底的に科学的に分析して証明してみせております。彼の講義は科学の実践的方法論を知るうえで非常に良い教材であると信じますので、あえて概要を紹介いたしました。たとえば、ロウソクの炎から出るガスの中に冷たいものの表面で凝縮するものがあった時、それをすぐに水と断定せず、最後には電気分解までして成分を聴衆の目の前に明らかにしていく手法は、科学研究とはどういう方法で進めなければならないかという研究の哲学に迫るものであり、私たちがもう一度学び直さなければならない事柄であると信じます。

本書の完成に当たっては安達裕之氏の絶大なご支援がありました。また法政大学出版局編集部の秋田公士氏にも一方ならぬお世話になりました。ここにあらためて心からの感謝をささげます。

二〇〇三年九月二三日

磯田　浩

著 者

磯田　浩（いそだ ひろし）

1925年2月東京に生まれる．東京大学工学部機械工学科を卒業．東京大学教授，東京都立科学技術大学教授，同大学学長，大妻女子大学教授を歴任し，2003年10月死去．

専攻：燃焼学，図学．

著書：『第三角法による図学総論』（養賢堂，1967年），『地球人の環境』（共著，東京大学出版会，1977年），『図学入門』（共著，東京大学出版会，1986年）など多数．

訳書：『図形と文化』（法政大学出版局，1985年），『工作機械の歴史』（平凡社，1989年），『蒸気動力の歴史』（平凡社，1994年）．

火と人間

2004年4月20日　初版第1刷発行

著　者　磯田　浩

発行所　財団法人 法政大学出版局

〒102-0073 東京都千代田区九段北3-2-7

Tel. 03（5214）5540／振替 00160-6-95814

組版：緑営舎　印刷：平文社

製本：鈴木製本所

© 2004 Hiroshi ISODA

ISBN4-588-71302-7

Printed in Japan

法政大学出版局刊

■J・ハウツブロム
火と文明化　大平　章　訳／3600円

■S・J・パイン
火〈その創造性と破壊性〉　大平　章　訳／5400円

■W・シヴェルブシュ
光と影のドラマトゥルギー　小川さくえ訳／3800円
闇をひらく光〈十九世紀における照明の歴史〉　小川さくえ訳／2200円
鉄道旅行の歴史〈十九世紀における空間と時間の工業化〉　加藤二郎訳／2800円
楽園・味覚・理性〈嗜好品の歴史〉　福本義憲訳／2400円

■B・J・フォード
シングル・レンズ〈単式顕微鏡の歴史〉　伊藤智夫訳／2400円

■D・ペドウ
図形と文化　磯田　浩　訳／2800円

表示価格は税別です